BIM 思维与技术丛书

U0273697

一图一算之装饰装修工程造价

（BIM 软件篇）

张国栋　主编

机械工业出版社

本书主要以装饰装修工程各专业分部(分项)工程为基础,精选典型事例,以手算为辅、软件计算为主,主次分明、两者结合,详细讲解了手算工程量以及软件计算工程量,将两者对比起来一起做,方便读者学习参考。

　　本书可作为建设工程、装饰装修工程、工程造价、工程管理、工程经济等相关专业人员用书,可供结构设计人员、施工技术人员、工程监理人员、工程造价预算人员等参考使用,也可以作为高等院校的教学和参考用书。

图书在版编目(CIP)数据

一图一算之装饰装修工程造价. BIM 软件篇/张国栋主编 . —北京:机械工业出版社,2017. 12

(BIM 思维与技术丛书)

ISBN 978-7-111-58900-6

Ⅰ.①—… Ⅱ.①张… Ⅲ.①建筑装饰 – 建筑造价管理 – 应用软件 Ⅳ.①TU723.3 – 39

中国版本图书馆 CIP 数据核字(2018)第 004832 号

机械工业出版社(北京市百万庄大街22 号　邮政编码100037)

策划编辑:汤　攀　责任编辑:汤　攀

责任校对:刘时光　封面设计:张　静

责任印制:张　博

河北鑫兆源印刷有限公司印刷

2018 年1 月第1 版第1 次印刷

184mm×260mm · 11. 5 印张 · 276 千字

标准书号:ISBN 978-7-111-58900-6

定价:35. 00元

编　委　会

前　言

广联达软件和鲁班软件等目前已经是各高校开设的课程,在工程的实际应用中已经深得人心,为了和市场接轨,帮助众多的学员将手算和软件计算相结合的同步学习,我们组织相关人员编写了本书。

当前多数单位不论是对新入职的员工还是社会上有经验的预算人员,均无一例外地要求员工在从事预算工作的时候会操作使用一些相关预算软件,以达到在工作中能节省时间,在有限的时间内最大限度的提高工作效率的目的,因而对于软件的掌握就有相应的不同要求。

广联达软件和鲁班软件在全国范围已经基本普及,除各高校开设相应的课程外,社会上的各大培训机构也相拥而出,但是书籍终究是学习的最根本的基源,我们结合之前的《一图一算之装饰装修工程造价》一书,在其基础上进一步加深,扩充了本书的内容,丰富了本书的形式,最大程度上为读者提供切实有用的知识。

本书与同类书相比具有的显著特点有:

1. 将手算模式下的定额工程量和清单工程量结合相应的计算规则进行计算,并对计算式中的数字给予了详细的解释说明,方便读者快速结合图纸进行算量分析。

2. 采用广联达图形算量软件进行绘图并进行工程量表格汇总,操作步骤采用截图的方式,按照先后顺序放置在每一操作步骤说明的下面,按照截图读者可以了解在软件中如何操作及重要操作要点。

3. 采用鲁班软件在清单和定额模式下分别进行绘图并汇总相应的工程量,操作步骤同样按照截图的方式放置在每一操作步骤说明的下面,清晰明了。

4. 在采用广联达软件和鲁班软件进行操作计算之后,书中介绍了相应的软件操作注意事项,主要描述在软件操作中的要点设置及绘图技巧。

5. 在所有的软件操作计算之后,列有手算与软件计算结果的对比表,表中将手算结果、广联达软件计算结果、鲁班软件计算结果同时列在一个表中进行对比,并将差值原因分析写出来,以供读者学习,同时也便于那些用软件计算多次每次结果都不一样的读者查找其中的原因。

编　者

目　录

第一章　楼地面工程

第一节　整体面层

【例1】　求如图1-1所示住宅室内水泥豆石浆(厚20mm)地面的工程量和工料用量。

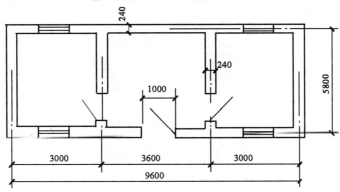

图1-1　水泥豆石浆地面平面图

【解】　一、手工算量

(一)定额工程量

本例为整体面层,工程量按主墙间净空面积计算。

$$F = [(5.8 - 0.24) \times (9.6 - 0.24 \times 3)]\text{m}^2 = 49.37\text{m}^2$$

【注释】　(5.8 - 0.24)是墙宽减去墙面厚度后的地面宽,(9.6 - 0.24 × 3)是墙长减去三个墙面厚度后的地面长,0.24是墙厚。

套用基础定额8 - 37及8 - 39,工料用量见表1-1。

表1-1　工料

人工 /工日	水泥豆石浆1:1.25 /m³	素水泥浆 /m³	草袋子 /m²	水 /m³	200L 灰浆搅拌机 /台班
9.55	1	0.05	10.86	1.88	0.123

(二)清单工程量(计算方法同定额工程量)

清单工程量计算见表1-2。

表1-2　清单工程量计算

项目编码	项目名称	项目特征描述	计量单位	工程量
011101001001	水泥砂浆楼地面	素水泥浆,水泥豆石浆1:1.25	m²	49.37

二、软件算量

(一)广联达软件算量

1. 清单模式下的招标

(1)定义房间属性如图1-2 所示。

图1-2　定义房间属性(招标)

(2)软件画图如图1-3 所示。

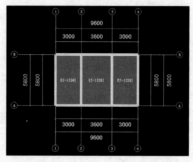

图1-3　软件画图(招标)

(3)软件计算结果如图1-4 所示。

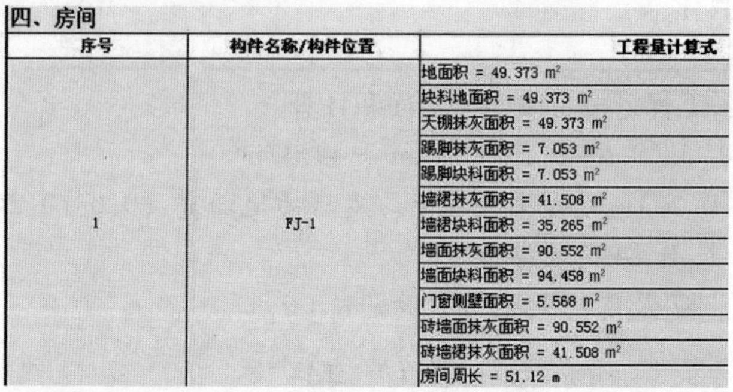

图1-4　软件计算结果(招标)

2. 清单模式下的投标

(1)定义房间装修属性如图1-5 所示。

图1-5　定义房间装修属性(投标)

（2）软件画图如图 1-6 所示。

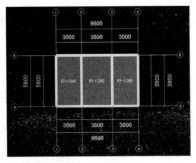

图1-6　软件画图（投标）

（3）软件计算结果如图 1-7 所示。

四、房间		
序号	构件名称/构件位置	工程量计算式
1	FJ-1	地面积 = 49.373 m²
		块料地面积 = 49.373 m²
		天棚抹灰面积 = 49.373 m²
		踢脚抹灰面积 = 7.053 m²
		踢脚块料面积 = 7.053 m²
		墙裙抹灰面积 = 41.508 m²
		墙裙块料面积 = 35.265 m²
		墙面抹灰面积 = 90.552 m²
		墙面块料面积 = 94.458 m²
		门窗侧壁面积 = 5.568 m²
		砖墙面抹灰面积 = 90.552 m²
		砖墙裙抹灰面积 = 41.508 m²
		房间周长 = 51.12 m

图1-7　软件计算结果（投标）

3. 定额模式

（1）定义房间装修属性如图 1-8 所示。

图 1-8　定义房间装修属性（定额）

（2）软件画图如图 1-9 所示。

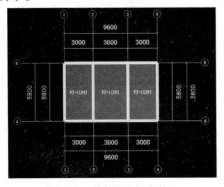

图 1-9　软件画图（定额）

(3)软件计算结果如图 1-10 所示。

序号	构件名称/构件位置	工程量计算式
1	FJ-1	地面积 = 49.373 m²
		块料地面积 = 49.973 m²
		天棚抹灰面积 = 49.373 m²
		天棚装饰面积 = 49.373 m²
		踢脚抹灰长度 = 51.12 m
		踢脚块料长度 = 51.12 m
		墙裙抹灰面积 = 41.508 m²
		墙裙块料面积 = 35.265 m²
		墙面抹灰面积 = 90.552 m²
		墙面块料面积 = 94.458 m²
		门窗侧壁面积 = 5.568 m²
		砖墙面抹灰面积 = 90.552 m²
		砖墙裙抹灰面积 = 41.508 m²
		房间周长 = 51.12 m

图 1-10　软件计算结果(定额)

4. 软件操作注意事项

楼地面属于装饰工程,所以在计算时可以通过房间装修的功能来计算楼地面的面积。

(二)鲁班软件算量

1. 清单模式

(1)定义楼地面装修属性如图 1-11 所示。

图 1-11　定义楼地面装修属性(清单)

(2)套清单如图 1-12 所示。

	计算项目	清单/定额编号	清单/定额名称	项目特征	单位	计算规则	附件尺寸
1	面层	020101001001	水泥砂浆楼地面	1. 垫层材料种类、厚度:<TN> 2. 找平层厚度、砂浆配合比: 3. 面层厚度、砂浆配合比: 4. 防水层厚度、材料种类:	m²	默认	附件尺寸
2	基层						
3	┃────	7-1-1	楼地面S		m²	默认	附件尺寸
4	面层						
5	┃────	7-1-1	楼地面S		m²	默认	附件尺寸
6	楼地面防潮层						
7	┃────	7-1-3	楼地面防潮层S		m²	默认	附件尺寸

图 1-12　套清单(清单)

(3)软件画图如图 1-13 所示。

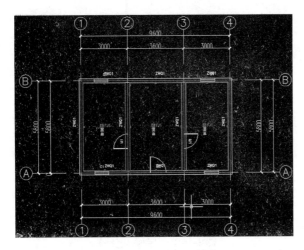

图 1-13　软件画图(清单)

(4)软件计算结果如图 1-14 所示。

序号	项目编码	项目名称	计算式	计量单位	工程量	备注
			B.1 楼地面工程			
1	020101001001	水泥砂浆楼地面 1.垫层材料种类、厚度: 2.找平层厚度、砂浆配合比: 3.面层厚度、砂浆配合比: 4.防水层厚度、材料种类		m²	49.37	
		1层		m²	49.37	
		LM1		m²	49.37	
		1-2/A-B	15.346[面积]	m²	30.69	15.35×2件
		2-3/A-B	18.682[面积]	m²	18.68	

图 1-14　软件计算结果(清单)

2.定额模式

(1)定义楼地面装修属性如图 1-15 所示。

图 1-15　定义楼地面装修属性(定额)

(2)套定额如图 1-16 所示。

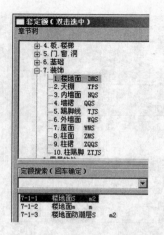

图 1-16　套定额(定额)

(3)软件画图如图 1-17 所示。

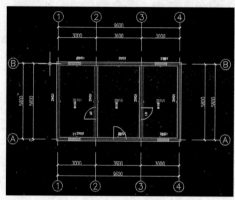

图 1-17　软件画图(定额)

(4)软件计算结果如图 1-18 所示。

序号	定额编号	项目名称	计算式	单位	工程量	备注
			7. 装饰			
1	7-1-1	楼地面S		m²	49.37	
		1层		m²	49.37	
		LM1		m²	49.37	
		1-2/A-B	15.346[面积]	m²	30.69	15.35×2件
		2-3/A-B	18.682[面积]	m²	18.68	

图 1-18　软件计算结果(定额)

3. 软件操作的注意事项

(1)在鲁班软件中虽然有楼地面这一项,但是还是通过自定义绘画的,结果不具有说服力,所以还是要使用房间装修这一功能。

(2)要在房间装修的属性定义中将楼地面设置成和楼地面属性定义中楼地面的名称相同,否则计算不出来结果。

三、手工算量与软件算量对比与分析

(一)手工与软件计算差值对比

手工与软件计算差值对比见表 1-3。

表1-3　手工与软件计算差值对比

工程名称	类别 清单/定额	手工 数值	广联达 招标	广联达 投标	广联达 定额	鲁班 清单	鲁班 定额
水泥砂浆 楼地面	清单	49.37	49.373	49.373		49.37	
	定额	49.37			49.373		49.37
	差值		0.003	0.003	0.003	0	0

（二）手工与软件计算差值分析

（1）水泥砂浆面层属于整体面层，根据整体面层的计算规则可知，楼地面装修的面积就是地面积。

（2）鲁班软件和手工计算结果相同，而广联达软件和手工计算结果相差0.003。原因是手工和鲁班软件在计算结果上都是保留小数点后两位，广联达软件在计算结果上却是保留小数点后三位，这是产生误差的根本原因。

第二节　块料面层

【例2】　求如图1-19所示房间地面镶贴花岗石面层的工程量。

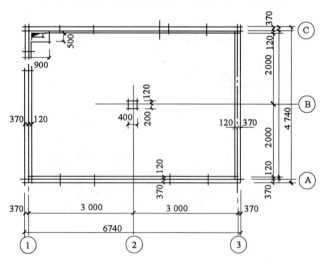

图1-19　房间地面镶贴花岗石平面图

【解】　一、手工算量

（一）定额工程量

根据计算规则规定，图1-19中的墙、柱和附墙烟囱所占的面积应扣除，所以，镶贴花岗石板面层的工程量为：$[(6.74-0.49\times2)\times(4.74-0.49\times2)-0.9\times0.5-0.4\times0.32]m^2=(21.66-0.45-0.128)m^2=21.08m^2$

【注释】　6.74为平面图外墙边线之间宽度，0.49即（0.37+0.12）为墙厚，2为两个墙厚，4.74为外墙边线长度，0.9×0.5为附墙柱所占面积，0.4×0.32为室内柱所占面积，其中0.32为（0.2+0.12）。

套用消耗量定额11-17。

（二）清单工程量（计算方法同定额工程量）

清单工程量计算见表 1-4。

表 1-4　清单工程量计算

项目编码	项目名称	项目特征描述	计量单位	工程量
011102001001	石材楼地面	花岗石面层	m^2	21.08

二、软件算量

（一）广联达软件算量

1. 清单模式下的招标

（1）定义房间装修属性如图 1-20 所示。

图 1-20　定义房间装修属性（招标）

（2）软件画图如图 1-21 所示。

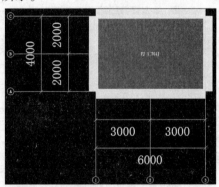

图 1-21　软件画图（招标）

平面图不显示柱子，所以放入三维效果图如图 1-22 所示。

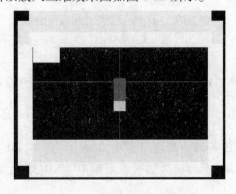

图 1-22　三维效果图（招标）

（3）软件计算结果如图 1-23 所示。

四、房间		
序号	构件名称/构件位置	工程量计算式
1	FJ-1	地面积 = 21.208 m²
		块料地面积 = 21.208 m²
		天棚抹灰面积 = 21.658 m²
		踢脚抹灰面积 = 3.006 m²
		踢脚块料面积 = 3.006 m²
		墙裙抹灰面积 = 18.036 m²
		墙裙块料面积 = 15.03 m²
		墙面抹灰面积 = 42.084 m²
		墙面块料面积 = 42.084 m²
		独立柱周长 = 1.44 m
		独立柱墙裙抹灰面积 = 1.296 m²
		独立柱墙面抹灰面积 = 3.024 m²
		砖墙面抹灰面积 = 42.084 m²
		砖墙裙抹灰面积 = 18.036 m²
		房间周长 = 19.04 m

图 1-23 软件计算结果（招标）

2. 清单模式下的投标

（1）定义房间装修属性如图 1-24 所示。

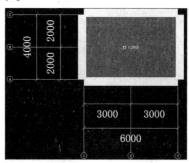

图 1-24 定义房间装修属性（投标）

（2）软件画图如图 1-25 所示。

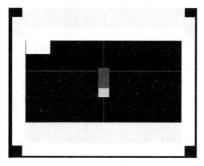

图 1-25 软件画图（投标）

三维效果图（俯视图）如图 1-26 所示。

图 1-26 三维效果图（俯视图）（投标）

(3)软件计算结果如图 1-27 所示。

四、房间		
序号	构件名称/构件位置	工程量计算式
1	FJ-1	地面积 = 21.208 m² 块料地面积 = 21.208 m² 天棚抹灰面积 = 21.658 m² 踢脚抹灰面积 = 3.006 m² 踢脚块料面积 = 3.006 m² 墙裙抹灰面积 = 18.036 m² 墙裙块料面积 = 15.03 m² 墙面抹灰面积 = 42.084 m² 墙面块料面积 = 42.084 m² 独立柱周长 = 1.44 m 独立柱墙裙抹灰面积 = 1.296 m² 独立柱墙面抹灰面积 = 3.024 m² 砖墙面抹灰面积 = 42.084 m² 砖墙裙抹灰面积 = 18.036 m² 房间周长 = 19.04 m

图 1-27　软件计算结果(投标)

3.定额模式

(1)定义房间装修属性如图 1-28 所示。

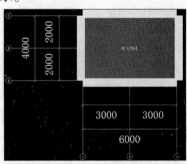

图 1-28　定义房间装修属性(定额)

(2)软件画图如图 1-29 所示。

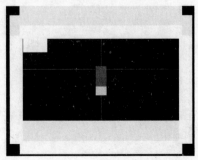

图 1-29　软件画图(定额)

三维效果图(俯视图)如图 1-30 所示。

图 1-30　三维效果图(俯视图)(定额)

（3）软件计算结果如图 1-31 所示。

四、房间		
序号	构件名称/构件位置	工程量计算式
1	FJ-1	地面积 = 21.658 m² 块料地面积 = 21.08 m² 天棚抹灰面积 = 21.658 m² 天棚装饰面积 = 21.53 m²

图 1-31　软件计算结果（定额）

4.软件操作注意事项

在画中间的柱子时,注意柱子不是放在正中间的。可以利用移动这一功能将原本画好的柱子移动到目的位置。

（二）鲁班软件算量

1.清单模式

（1）定义楼地面装修属性如图 1-32 所示。

图 1-32　定义楼地面装修属性（清单）

（2）套清单如图 1-33 所示。

	计算项目	清单/定额编号	清单/定额名称	项目特征	单位	计算规则	附件尺寸	计算结果编辑
1	面层	020102001	石材楼地面	1.面层材料品种、规格、品牌、颜色； 2.结合层厚度、砂浆配合比； 3.酸洗、打蜡要求； 4.防护材料种类； 5.填充材料种类、厚度； 6.嵌缝材料种类； 7.找平层厚度、砂浆配合比； 8.垫层材料种类、厚度：〈TM〉 9.防水层、材料种类	m²	自定义	附件尺寸	A

图 1-33　套清单（清单）

（3）软件画图如图 1-34 所示。

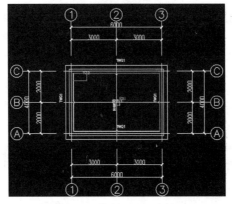

图 1-34　软件画图（清单）

(4)软件计算结果如图 1-35 所示。

序号	项目编码	项目名称	计算式	计量单位	工程量
		B.1 楼地面工程			
1	020102001	石材楼地面 1.面层材料品种、规格、品牌、颜色: 2.结合层厚度、砂浆配合比: 3.酸洗、打蜡要求: 4.防护层材料种类: 5.填充材料种类、厚度: 6.嵌缝材料种类: 7.找平层厚度、砂浆配合比: 8.垫层材料种类、厚度: 9.防水层、材料种类:		m²	21.08
		1层		m²	21.08
		LM1		m²	21.08
		1-3/A-C	21.658[面积]-0.448[S>0.3m2柱]-0.128[砼柱]	m²	21.08

图 1-35 软件计算结果(清单)

2.定额模式

(1)定义房间装修属性如图 1-36 所示。

图 1-36 定义房间装修属性(定额)

(2)套定额如图 1-37 所示。

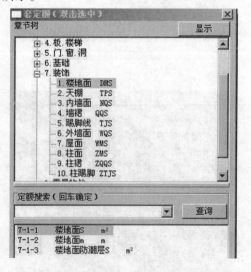

图 1-37 套定额(定额)

（3）软件画图如图 1-38 所示。

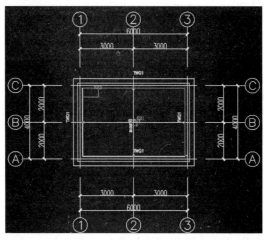

图 1-38 软件画图（定额）

（4）软件计算结果如图 1-39 所示。

序号	定额编号	项目名称	计算式	单位	工程量
			7.装饰		
1	7-1-1	楼地面S		m²	21.08
		1层		m²	21.08
		LM1		m²	21.08
		1-3/A-C	21.658[面积]-0.576[砼柱]	m²	21.08

图 1-39 软件计算结果（定额）

3. 软件操作注意事项

（1）套定额时，一定要把定额套在计算项目的第二项，否则计算的就不是面层而是基层。

（2）画墙时，轴线距左边墙的距离是 120，不是居中，否则计算结果会有很大误差。

（3）在套清单或定额时，可以视情况自定义计算规则。

三、手工算量与软件算量对比与分析

1. 手工与软件计算差值对比

手工与软件计算差值对比见表 1-5。

表 1-5 手工与软件计算差值对比

工程名称	类别 清单/定额	手工数值	广联达招标	广联达投标	广联达定额	鲁班清单	鲁班定额
	清单	21.08	21.208	21.208		21.08	
石材楼地面	定额	21.08			21.08		21.08
	差值		0.128	0.128	0	0	0

2. 手工与软件计算差值分析

经过对比发现，只有广联达软件的清单模式和手工计算有差值。分析得知广联达的清单模式在计算块料面层面积时只减去 500×900 的柱子的截面面积而没有扣除 400×320 的柱子截面面积。所以推断出广联达软件的清单模式在计算块料面层的面积只扣除截面面积大于 0.3 的柱子。鲁班软件计算结果和手工结果一致的原因是在计算规则里设置凡是混凝土柱都要扣除。

第三节　其他材料面层

【例 3】　如图 1-40 所示,求某建筑铺企口木地板工程量(做法:铺在楞木上,大楞木 50mm×50mm,中距 600mm,小楞木 40mm×40mm,中距 1000mm)。

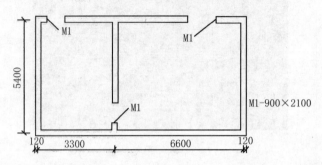

图 1-40　某建筑铺企口木地板平面图

【解】　一、手工算量

(一)2013 清单与 2008 清单对照

2013 清单与 2008 清单对照见表 1-6。

表 1-6　2013 清单与 2008 清单对照

清单	项目编码	项目名称	项目特征	计算单位	工程量计算规则	工作内容
2013 清单	011104002	竹、木(复合)地板	1. 龙骨材料种类、规格、铺设间距 2. 基层材料种类、规格 3. 面层材料品种、规格、颜色 4. 防护材料种类	m²	按设计图示尺寸以面积计算。门洞、空圈、暖气包槽、壁龛的开口部分并入相应的工程量内	1. 基层清理 2. 龙骨铺设 3. 基层铺设 4. 面层铺贴 5. 刷防护材料 6. 材料运输
2008 清单	020104002	竹木地板	1. 找平层厚度、砂浆配合比 2. 填充材料种类、厚度、找平层厚度、砂浆配合比 3. 龙骨材料种类、规格、铺设间距 4. 基层材料种类、规格 5. 面层材料品种、规格、品牌、颜色 6. 粘结材料种类 7. 防护材料种类 8. 油漆品种、刷漆遍数	m²	按设计图示尺寸以面积计算。门洞、空圈、暖气包槽、壁龛的开口部分并入相应的工程量内	1. 基层清理、抹找平层 2. 铺设填充层 3. 龙骨铺设 4. 铺设基层 5. 面层铺贴 6. 刷防护材料 7. 材料运输

(二)清单工程量

工程量 = {[(3.3−0.12×2)+(6.6−0.12×2)]×(5.4−0.12×2)+0.9×0.24+0.9×

$$0.12 \times 2 \} \, m^2$$

$$= 49.04 m^2$$

【注释】　3.3为左边房间内外墙中心线之间的宽度,6.6为右边房间内外墙中心线之间的宽度,5.4为外墙中心线之间的长度,0.9为门洞的宽度,最后一个2为外墙门洞的数量,0.9×0.24是1个外门所占的面积、$0.9 \times 0.12 \times 2$是2个内门所占的面积。

(三)清单工程量计算

清单工程量计算见表1-7。

表1-7　清单工程量计算

项目编码	项目名称	项目特征描述	计量单位	工程量
011104002001	竹木地板	企口木地板,铺在楞木上	m²	49.04

二、软件算量

(一)广联达软件算量

1.清单模式下的招标

(1)定义企口木地板工程量属性如图1-41所示。

图1-41　定义企口木地板工程量属性(招标)

(2)软件画图如图1-42所示。

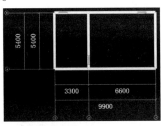

图1-42　软件画图(招标)

(3)软件计算结果如图1-43所示。

三、建筑面积		
序号	构件名称/构件位置	工程量计算式
1	JZMJ-1	原始面积 = 49.039 m²
		周长 = 38.64 m
		计算面积 = 49.039 m²
1.1	JZMJ-1[38]/<2+1650,B-2700>	原始面积 = 49.039 m²
		周长 = 38.64m
		计算面积 = 49.039 m²

图1-43　软件计算结果(招标)

2.清单模式下的投标

(1)定义企口木地板工程量属性如图1-44所示。

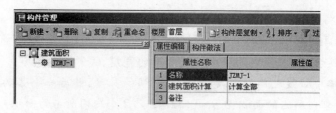

图 1-44　定义企口木地板工程量属性(投标)

(2)软件画图如图 1-45 所示。

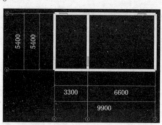

图 1-45　软件画图(投标)

(3)软件计算结果如图 1-46 所示。

三、建筑面积		
序号	构件名称/构件位置	工程量计算式
1	JZMJ-1	原始面积 = 49.039 m²
		周长 = 38.64 m
		计算面积 = 49.039 m²
1.1	JZMJ-1[38]/<2+1650, B-2700>	原始面积 = 49.039 m²
		周长 = 38.64m
		计算面积 = 49.039 m²

图 1-46　软件计算结果(投标)

3.定额模式

(1)定义企口木地板工程量属性如图 1-47 所示。

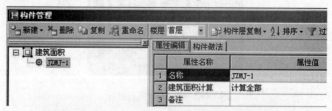

图 1-47　定义企口木地板工程量属性(定额)

(2)软件画图如图 1-48 所示。

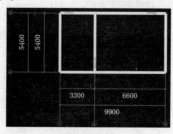

图 1-48　软件画图(定额)

（3）软件计算结果如图1-49所示。

三、建筑面积		
序号	构件名称/构件位置	工程量计算式
1	JZMJ-1	原始面积 = 49.039 m²
		周长 = 38.64 m
		计算面积 = 49.039 m²
1.1	JZMJ-1[38]/<2+1650,B-2700>	原始面积 = 49.039 m²
		周长 = 38.64m
		计算面积 = 49.039 m²

图1-49　软件计算结果（定额）

4. 软件操作注意事项

在使用广联达软件计算房间内净面积时，在墙内壁设置辅助轴线以后才能捕捉得到，因此定义面积前需要在墙内壁做出辅助轴线。在本例中，窗户对地板工程量没有影响，若希望快速得到软件计算地板工程量的结果，并且不求窗户的工程量，软件画图时窗户可有可无。

（二）鲁班软件算量

1. 清单模式

（1）定义企口木地板工程量属性如图1-50所示。

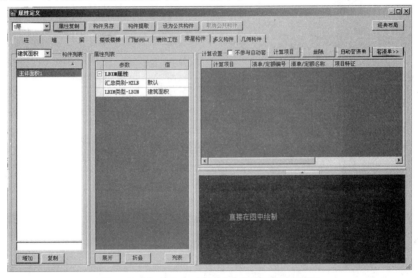

图1-50　定义企口木地板工程量属性（清单）

（2）软件画图如图1-51所示。

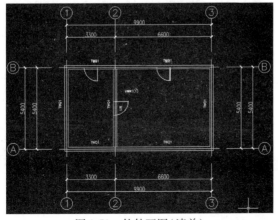

图1-51　软件画图（清单）

(3)套清单如图 1-52 所示。

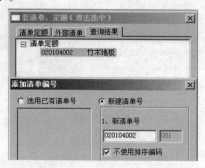

图 1-52　套清单(清单)

(4)软件计算结果如图 1-53 所示。

序号	项目编码	项目名称	计算式	计量单位	工程量	备注
			B.1 楼地面工程			
1	020104002	竹木地板 1.粘结材料种类; 2.防护材料种类; 3.面层材料品种、规格、品牌、颜色; 4.基层材料种类、规格; 5.填充材料种类、厚度、找平层厚度、砂浆配合比; 6.找平层厚度、砂浆配合比; 7.油漆品种、刷漆遍数; 8.龙骨材料品种、规格、铺设间距。		m²	49.04	
		1层		m²	49.04	
		主体面积1		m²	49.04	
		1-3/A-B	49.039[图示尺寸]	m²	49.04	

图 1-53　软件计算结果(清单)

2.定额模式

(1)定义企口木地板工程量属性如图 1-54 所示。

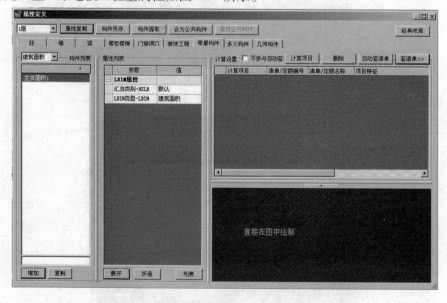

图 1-54　定义企口木地板工程量属性(定额)

(2)软件画图如图 1-55 所示。

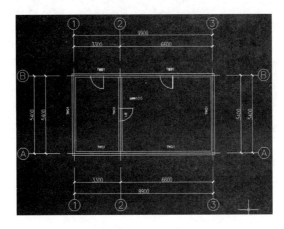

图 1-55　软件画图（定额）

（3）套定额如图 1-56 所示。

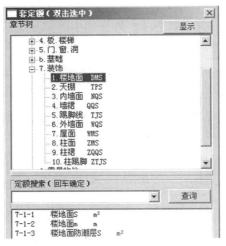

图 1-56　套定额（定额）

（4）软件计算结果如图 1-57 所示。

序号	定额编号	项目名称	计算式	单位	工程量	备注
			7. 装饰			
1	7-1-1	楼地面S		m²	49.04	
		1层		m²	49.04	
		主体面积1		m²	49.04	
		1-3/A-B	49.039[图示尺寸]	m²	49.04	

图 1-57　软件计算结果（定额）

3. 软件操作注意事项

构件属性需要设置准确，比如墙厚需要设为 240，如果采用软件中默认的 250 来布置墙，算出的结果则会和题目中要求差别比较大，这种情况下可以认为是软件操作人员绘图失误。

三、手工算量与软件算量对比与分析

（一）手工与软件计算差值对比

手工与软件计算差值对比见表 1-8。

表 1-8　手工与软件计算差值对比

工程名称	清单/定额　　类别	手工数值	广联达招标	广联达投标	广联达定额	鲁班清单	鲁班定额
竹木地板工程量	清单	49.04	49.039	49.039		49.04	
	定额	49.04			49.039		49.04
	差值		0.001	0.001	0.001	0.00	0.00

（二）手工与软件计算差值分析

可以认为本例题中手工计算结果和软件计算结果一致。

第四节　踢脚线

【例 4】　如图 1-58 所示，求预制水磨石踢脚线工程量并套用定额（高度为 120mm，M − 1 为 900mm × 2100mm）。

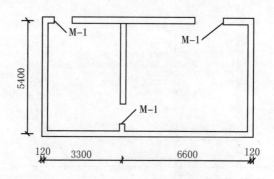

图 1-58　某预制水磨石踢脚线平面图

【解】　一、手工算量

工程量 $= [(3.3 - 0.24 + 5.4 - 0.24) \times 2 + (6.6 - 0.24 + 5.4 - 0.24) \times 2 - 0.9 \times 4] \times 0.12 \mathrm{m}^2$

$\qquad = (16.44 + 23.04 - 3.6) \times 0.12 \mathrm{m}^2$

$\qquad = 4.31 \mathrm{m}^2$

【注释】　3.3、5.4 都为西侧房间的中心线长，(3.3 − 0.24)、(5.4 − 0.24) 分别为西侧房间的净宽、西侧房间的净长，6.6、5.4 都为东侧房间的中心线长，(6.6 − 0.24)、(5.4 − 0.24) 分别为东侧房间的净长、东侧房间的净宽，0.12 为踢脚线高，踢脚线按延长米计算。

套用消耗量定额 11 − 58。

题中说明了踢脚线的定额工程量是按延长米计算的，但是却没有计算式，所以添加计算式为：

$[(3.3 - 0.24 + 5.4 - 0.24) \times 2 + (6.6 - 0.24 + 5.4 - 0.24) \times 2 - 0.9 \times 4] \mathrm{m}$

$= (16.44 + 23.04 - 3.6) \mathrm{m}$

$= 35.88 \mathrm{m}$

二、软件算量

（一）广联达软件算量

1. 清单模式下的招标

(1)定义属性

1)定义房间装修属性如图 1-59 所示。

图 1-59　定义房间装修属性(招标)

2)定义门属性如图 1-60 所示。

图 1-60　定义门属性(招标)

(2)软件画图如图 1-61 所示。

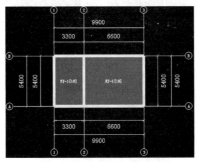

图 1-61　软件画图(招标)

(3)软件计算结果如图 1-62 所示。

三、 房间		
序号	构件名称/构件位置	工程量计算式
1	FJ-1	地面积 = 48.607 m²
		块料地面积 = 48.607 m²
		天棚抹灰面积 = 48.607 m²
		踢脚抹灰面积 = 4.373 m²
序号	构件名称/构件位置	工程量计算式
		踢脚块料面积 = 4.373 m²
		墙裙抹灰面积 = 32.292 m²
		墙裙块料面积 = 28.423 m²
		墙面抹灰面积 = 78.588 m²
		墙面块料面积 = 79.512 m²
		门窗侧壁面积 = 2.448 m²
		砖墙面抹灰面积 = 78.588 m²
		砖墙裙抹灰面积 = 32.292 m²
		房间周长 = 39.48 m

图 1-62　软件计算结果(招标)

2. 清单模式下的投标

(1)定义属性

1)定义房间装修属性如图 1-63 所示。

图 1-63　定义房间装修属性(投标)

2)定义门属性如图 1-64 所示。

图 1-64　定义门属性(投标)

(2)软件画图如图 1-65 所示。

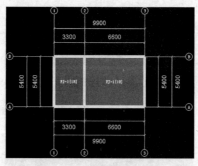

图 1-65　软件画图(投标)

(3)软件计算结果如图 1-66 所示。

三、房间

序号	构件名称/构件位置	工程量计算式
1	FJ-1	地面积 = 48.607 m²
		块料地面积 = 48.607 m²
		天棚抹灰面积 = 48.607 m²
		踢脚抹灰面积 = 4.373 m²

序号	构件名称/构件位置	工程量计算式
		踢脚块料面积 = 4.373 m²
		墙裙抹灰面积 = 32.292 m²
		墙裙块料面积 = 28.423 m²
		墙面抹灰面积 = 78.588 m²
		墙面块料面积 = 79.512 m²
		门窗侧壁面积 = 2.448 m²
		砖墙面抹灰面积 = 78.588 m²
		砖墙裙抹灰面积 = 32.292 m²
		房间周长 = 39.48 m

图 1-66　软件计算结果(投标)

3.定额模式

(1)定义属性

1)定义房间装修属性如图1-67所示。

图1-67 定义房间装修属性(定额)

2)定义门属性如图1-68所示。

图1-68 定义门属性(定额)

(2)软件画图如图1-69所示。

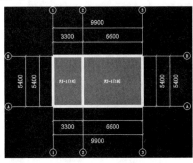

图1-69 软件画图(定额)

(3)软件计算结果如图1-70所示。

三、房间		
序号	构件名称/构件位置	工程量计算式
1	FJ-1	地面积 = 48.607 m²
		块料地面积 = 49.039 m²
		天棚抹灰面积 = 48.607 m²
		天棚装饰面积 = 48.607 m²
		踢脚抹灰长度 = 39.48 m
		踢脚块料长度 = 39.48 m
		墙裙抹灰面积 = 32.292 m²
		墙裙块料面积 = 28.423 m²
		墙面抹灰面积 = 78.588 m²
		墙面块料面积 = 79.512 m²
		门窗侧壁面积 = 2.448 m²
		砖墙面抹灰面积 = 78.588 m²
		砖墙裙抹灰面积 = 32.292 m²
		房间周长 = 39.48 m

图1-70 软件计算结果(定额)

4. 软件操作的注意事项

广联达软件中应先在房间的属性定义设置踢脚线的高度,然后再在图中布置,否则计算结果仍然是按照软件默认的高度计算的。

(二)鲁班软件算量

1. 清单模式

(1)定义属性

1)定义踢脚线属性如图 1-71 所示。

图 1-71　定义踢脚线属性(清单)

2)定义门属性如图 1-72 所示。

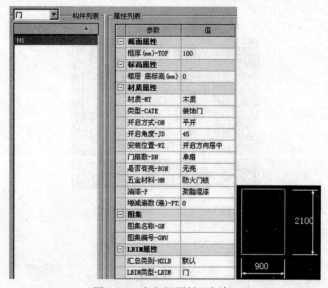

图 1-72　定义门属性(清单)

(2)套清单如图 1-73 所示。

	计算项目	清单/定额编号	清单/定额名称	项目特征	单位	计算规则	附件尺寸	计算结果编辑
1	面层	020105003	块料踢脚线	1. 底层厚度、砂浆配合比; 2. 面层材料品种、规格、品牌、颜色; 3. 粘贴层厚度、材料种类; 4. 勾缝材料种类; 5. 防护材料种类; 6. 踢脚线高度:〈H〉	m²	默认	附件尺寸	A

图 1-73　套清单(清单)

（3）软件画图如图1-74所示。

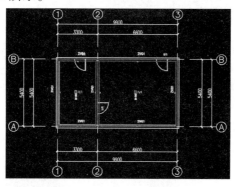

图 1-74 软件画图（清单）

（4）软件计算结果如图1-75所示。

序号	项目编码	项目名称	计算式	计量单位	工程量	备注
			B.1 楼地面工程			
1	020105003	块料踢脚线 1. 底层厚度、砂浆配合比： 2. 面层材料品种、规格、品牌、颜色： 3. 粘贴层厚度、材料种类： 4. 勾缝材料种类： 5. 防护材料种类： 6. 踢脚线高度：120		m²	4.37	
		1层		m²	4.37	
		QTJ1		m²	4.37	
		1/A-B	5.16[长度]×0.12[高度]	m²	1.24	0.62×2件
		2/A-B	5.16[长度]×0.12[高度]+0.07×0.24[门.窗侧壁]-0.108[门]	m²	1.06	0.53×2件
		A/1-2	3.06[长度]×0.12[高度]	m²	0.37	
		A/2-3	6.36[长度]×0.12[高度]	m²	0.76	
		B/1-2	3.06[长度]×0.12[高度]+0.07×0.24[门.窗侧壁]-0.108[门]	m²	0.28	
		B/2-3	6.36[长度]×0.12[高度]+0.07×0.24[门.窗侧壁]-0.108[门]	m²	0.67	

图 1-75 软件计算结果（清单）

2. 定额模式

（1）定义属性

1）定义踢脚线属性如图1-76所示。

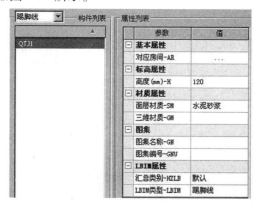

图 1-76 定义踢脚线属性（定额）

2）定义门属性如图1-77所示。

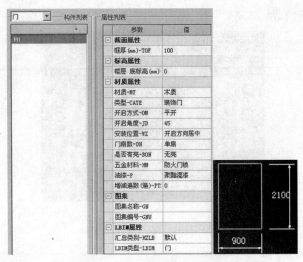

图 1-77　定义门属性(定额)

(2)套定额如图 1-78 所示。

图 1-78　套定额(定额)

(3)软件画图如图 1-79 所示。

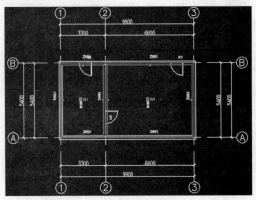

图 1-79　软件画图(定额)

(4)软件计算结果如图 1-80 所示。

序号	定额编号	项目名称	计算式	单位	工程量	备注
			7. 装饰			
1	7-5-1	踢脚线m		m	36.45	
		1层		m	36.45	
		QTJ1		m	36.45	
		1/A-B	5.161[长度]	m	10.32	5.16×2件
		2/A-B	5.161[长度]+0.14[门.窗侧壁]-0.9[门]	m	8.80	4.40×2件
		A/1-2	3.061[长度]	m	3.06	
		A/2-3	6.361[长度]	m	6.36	
		B/1-2	3.061[长度]+0.14[门.窗侧壁]-0.9[门]	m	2.30	
		B/2-3	6.361[长度]+0.14[门.窗侧壁]-0.9[门]	m	5.60	

图 1-80　软件计算结果(定额)

3. 软件操作的注意事项

(1)鲁班软件在画墙时,一定要在属性定义中设置墙厚,软件默认的墙厚是250,否则计算结果会产生误差。

(2)鲁班软件,应在房间的属性定义中将踢脚线设置成和踢脚线属性定义中的名称相同,这样才会计算出结果。

(3)鲁班软件套清单,由于题目说明是预制的水磨石,所以不能套现浇水磨石清单项目,应该套块料踢脚线。

三、手工算量与软件算量对比与分析

(一)手工与软件计算差值对比

手工与软件计算差值对比见表1-9。

表1-9　手工与软件计算差值对比

工程名称	类别 清单/定额	手工 数值	广联达 招标	广联达 投标	广联达 定额	鲁班 清单	鲁班 定额
块料踢脚线	清单(面积)	4.31	4.373	4.373		4.37	
	定额(延长米)	35.88			39.48		36.45
	差值		0.063	0.63	3.6	0.06	0.57

(二)手工与软件计算的差值分析

通过对比分析得知,计算踢脚线时清单模式计算的是踢脚线的面积,定额模式计算的是踢脚线的长度。广联达软件以及鲁班软件的清单模式与手工计算的差值主要体现在广联达软件和鲁班软件在计算时加上了门洞侧壁的面积。广联达软件的定额模式在计算踢脚线时直接计算了内墙皮的长度,没有扣除门洞的宽度;鲁班软件的定额模式在计算时加上了门侧壁的长度。

第五节　楼梯面层

【例5】　如图1-81所示的墙厚为240mm,墙面抹灰厚度为25mm时,计算楼梯铺贴花岗石板的工程量。

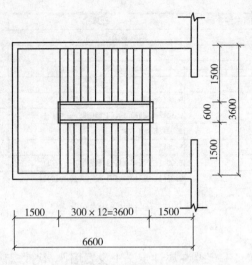

图 1-81　楼梯平面图

【解】　一、手工算量

(一)2013 清单与 2008 清单对照

2013 清单与 2008 清单对照见表 1-10。

表 1-10　2013 清单与 2008 清单对照

清单	项目编码	项目名称	项目特征	计算单位	工程量计算规则	工作内容
2013 清单	011106001	石材楼梯面层	1. 找平层厚度、砂浆配合比 2. 贴结层厚度、材料种类 3. 面层材料品种、规格、颜色 4. 防滑条材料种类、规格 5. 勾缝材料种类 6. 防护层材料种类 7. 酸洗、打蜡要求	m²	按设计图示尺寸以楼梯(包括踏步、休息平台及 500mm 以内的楼梯井)水平投影面积计算。楼梯与楼地面相连时,算至梯口梁内侧边沿;无梯口梁者,算至最上一层踏步边沿加 300mm	1. 基层清理 2. 抹找平层 3. 面层铺贴、磨边 4. 贴嵌防滑条 5. 勾缝 6. 刷防护材料 7. 酸洗、打蜡 8. 材料运输
2008 清单	020106001	石材楼梯面层	1. 找平层厚度、砂浆配合比 2. 贴结层厚度、材料种类 3. 面层材料品种、规格、颜色 4. 防滑条材料种类、规格 5. 勾缝材料种类 6. 防护层材料种类 7. 酸洗、打蜡要求	m²	按设计图示尺寸以楼梯(包括踏步、休息平台及 500mm 以内的楼梯井)水平投影面积计算。楼梯与楼地面相连时,算至梯口梁内侧边沿;无梯口梁者,算至最上一层踏步边沿加 300mm	1. 基层清理 2. 抹找平层 3. 面层铺贴 4. 贴嵌防滑条 5. 勾缝 6. 刷防护材料 7. 酸洗、打蜡 8. 材料运输

✻解题思路与技巧

依据工程量计算规则,楼梯面层工程量按水平投影面积计算,应扣除大于 500mm 的楼梯井所占面积。

(二)清单工程量

工程量 $= [(3.6 - 0.24 - 0.025 \times 2) \times (6.6 - 0.24 - 0.025 \times 2) - (0.6 \times 3.6)] \text{m}^2$

$$= (20.89 - 2.16) m^2$$
$$= 18.73 m^2$$

【注释】　第一个 3.6 为楼梯两侧墙体中心线之间的宽度,0.24 为墙厚,0.025 为墙面抹灰厚度,6.6 为楼梯墙体中心线之间的水平投影长度,0.6 为楼梯井的宽度,第二个 3.6 为楼梯井的长度。

(三)清单工程量计算

清单工程量计算见表 1-11。

表 1-11　清单工程量计算

项目编码	项目名称	项目特征描述	计量单位	工程量
011106001001	石材楼梯面层	花岗石板	m²	18.73

二、软件算量

(一)广联达软件算量

1. 清单模式下的招标

(1)定义属性

1)定义墙属性如图 1-82 所示。

图 1-82　定义墙属性(招标)

2)定义石材楼梯面层属性如图 1-83 所示。

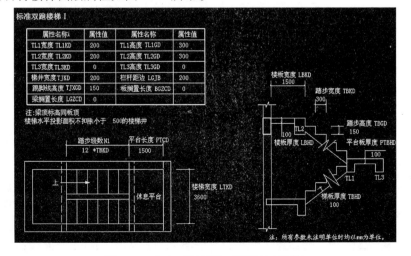

图 1-83　定义石材楼梯面层属性(招标)

(2)软件画图

1)平面图如图1-84所示。

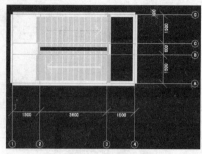

图1-84　平面图(招标)

2)立体图如图1-85所示。

图1-85　立体图(招标)

(3)套清单如图1-86所示。

	编码	清单项	单位
1	010506001	直形楼梯	m^2/m^3
2	010506002	弧形楼梯	m^2/m^3
3	010513001	楼梯	$m^3/$段
4	011702024	楼梯	m^2
5	011106001	石材楼梯面层	m^2
6	011106002	块料楼梯面层	m^2
7	011106003	拼碎块料面层	m^2
8	011106004	水泥砂浆楼梯面层	m^2
9	011106005	现浇水磨石楼梯面层	m^2
10	011106006	地毯楼梯面层	m^2
11	011106007	木板楼梯面层	m^2
12	011106008	橡胶板楼梯面层	m^2
13	011106009	塑料板楼梯面层	m^2

图1-86　套清单(招标)

(4)软件计算结果

1)计算书如图1-87所示。

首层			
一、楼梯			
序号	构件名称	图元位置	工程量计算式
1	LT-1	水平投影面积 = 18.016m²	
		<3,D>	水平投影面积 = 20.56<原始水平投影面积>-2.544<扣墙> = 18.016m²

图1-87　计算书(招标)

2)汇总表如图1-88所示。

序号	编码	项目名称	单位	工程量	工程量明细	
					绘图输入	表格输入
1	011106001001	石材楼梯面层	m^2	18.016	18.016	0

图1-88　汇总表(招标)

2. 清单模式下的投标

（1）定义属性

1）定义墙属性如图 1-89 所示。

图 1-89 定义墙属性（投标）

2）定义石材楼梯面层属性如图 1-90 所示。

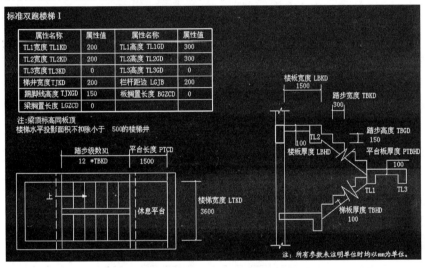

图 1-90 定义石材楼梯面层属性（投标）

（2）软件画图

1）平面图如图 1-91 所示。

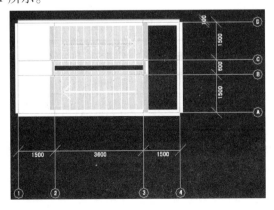

图 1-91 平面图（投标）

2)立体图如图 1-92 所示。

图 1-92　立体图(投标)

(3)套清单如图 1-93 所示。

| | 示意图 | 查询匹配清单 | 查询匹配定额 | 查询清单库 | 查询匹配外部清单 |

	编码	清单项	单位
1	010506001	直形楼梯	m²/m³
2	010506002	弧形楼梯	m²/m³
3	010513001	楼梯	m³/段
4	011702024	楼梯	m²
5	011106001	石材楼梯面层	m²
6	011106002	块料楼梯面层	m²
7	011106003	拼碎块料面层	m²
8	011106004	水泥砂浆楼梯面层	m²
9	011106005	现浇水磨石楼梯面层	m²
10	011106006	地毯楼梯面层	m²
11	011106007	木板楼梯面层	m²
12	011106008	橡胶板楼梯面层	m²
13	011106009	塑料板楼梯面层	m²

图 1-93　套清单(投标)

(4)软件计算结果

1)计算书如图 1-94 所示。

首层			
一、楼梯			
序号	构件名称	图元位置	工程量计算式
1	LT-1	水平投影面积 = 18.016m²	
		⟨3,D⟩	水平投影面积 = 20.56⟨原始水平投影面积⟩-2.544⟨扣墙⟩ = 18.016m²

图 1-94　计算书(投标)

2)汇总表如图 1-95 所示。

序号	编码	项目名称	单位	工程量	工程量明细	
					绘图输入	表格输入
1	011106001001	石材楼梯面层	m²	18.016	18.016	0

图 1-95　汇总表(投标)

3.定额模式

(1)定义属性

1)定义墙属性如图 1-96 所示。

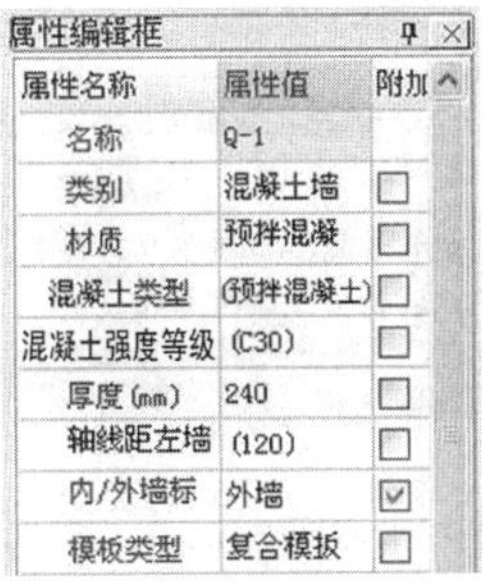

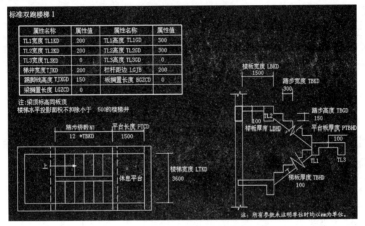

图 1-96　定义墙属性(定额)

2)定义石材楼梯面层属性如图 1-97 所示。

图 1-97　定义石材楼梯面层属性(定额)

(2)软件画图

1)平面图如图 1-98 所示。

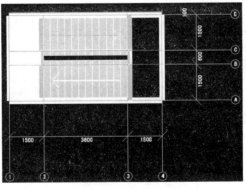

图 1-98　平面图(定额)

2)立体图如图 1-99 所示。

图 1-99　立体图(定额)

(3)套定额如图 1-100 所示。

示意图	查询匹配清单	查询匹配定额	查询清单库	查询匹配外部清单	查询措施
	编码		名称		单位
1	5-40		现浇混凝土 楼梯 直形		m²
2	5-41		现浇混凝土 楼梯 弧形		m²
3	5-42		现浇混凝土 楼梯 梯段厚度每增加10mm		m²
4	17-137		楼梯 直形		m²

图 1-100　套定额(定额)

(4)软件计算结果如图 1-101 所示。

首层			
一、楼梯			
序号	构件名称	图元位置	工程量计算式
1	LT-1	水平投影面积 = 18.016m²	
		〈3,D〉	水平投影面积 = 20.56〈原始水平投影面积〉-2.544〈扣墙〉= 18.016m²

图 1-101　软件计算结果(定额)

4.软件操作注意事项

(1)查看广联达绘图输入工程量计算书时,数据较多,可以通过上方"选择构件"或者"选择工程量"按钮筛选出自己需要的数据。

(2)广联达软件可以通过双击鼠标中轮自适应绘图窗口。

(3)本例题中需要新建参数化楼梯。

(二)鲁班软件算量

1.清单模式

(1)定义属性

1)定义墙属性如图 1-102 所示。

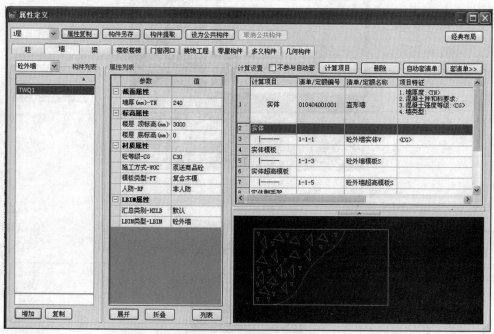

图 1-102　定义墙属性(清单)

2）定义石材楼梯面层属性如图 1-103 所示。

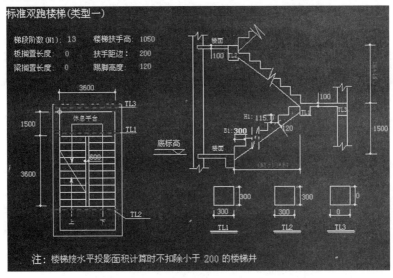

图 1-103　定义石材楼梯面层属性（清单）

（2）软件画图

1）平面图如图 1-104 所示。

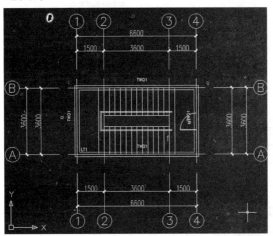

图 1-104　平面图（清单）

2）立体图如图 1-105 所示。

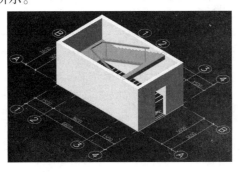

图 1-105　立体图（清单）

(3)套清单如图 1-106 所示。

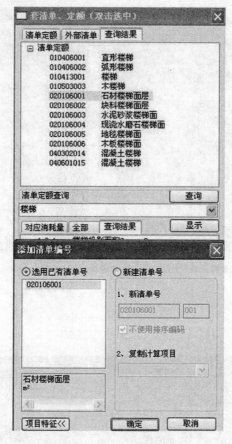

图 1-106　套清单(清单)

(4)软件计算结果如图 1-107 所示。

| 汇总表 | 计算书 | 面积表 | 门窗表 | 房间表 | 构件表 | 量指标 | 实物量(云报表) | | |

序号	项目编码	项目名称	计算式	计量单位	工程量
			B.1 楼地面工程		
1	020106001	石材楼梯面层 1.找平层厚度、砂浆配合比: 2.贴结层厚度、材料种类: 3.面层材料品种、规格、品牌、颜色: 4.防滑条材料种类、规格: 5.防护层材料种类: 6.勾缝材料种类: 7.酸洗、打蜡要求:		m²	17.28
		1层		m²	17.28
		LT1		m²	17.28
		2-3/B-C	[LTD:楼梯段]17.280	m²	17.28

图 1-107　软件计算结果(清单)

2.定额模式

(1)定义属性

1)定义墙属性如图 1-108 所示。

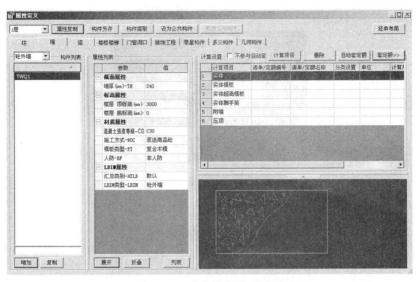

图 1-108　定义墙属性(定额)

2)定义石材楼梯面层属性如图 1-109 所示。

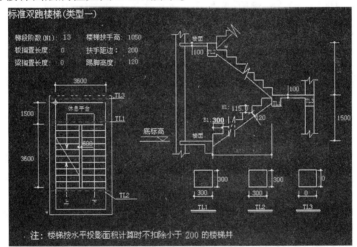

图 1-109　定义石材楼梯面层属性(定额)

(2)软件画图

1)平面图如图 1-110 所示。

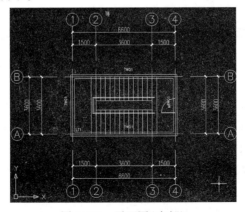

图 1-110　平面图(定额)

2）立体图如图 1-111 所示。

图 1-111　　立体图（定额）

（3）套定额如图 1-112 所示。

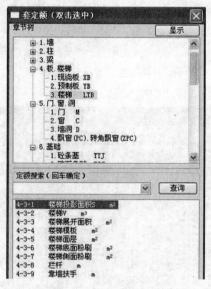

图 1-112　　套定额（定额）

（4）软件计算结果如图 1-113 所示。

汇总表	计算书	面积表	门窗表	房间表	构件表	量指标	实物量（云报表）		
序号	定额编号		项目名称		计算式			单位	工程量
				4. 板. 楼梯					
1	4-3-1		楼梯投影面积S[C30]					m²	17.28
			1层					m²	17.28
			LT1					m²	17.28
			1-4/A-B		[LTD:楼梯段]17.280			m²	17.28

图 1-113　　软件计算结果（定额）

3. 软件操作注意事项

（1）鲁班软件默认墙厚 250mm，例题中墙厚 240mm，绘制墙之前需要先修改墙厚。

（2）鲁班软件定义楼梯属性步骤：楼板楼梯 - 布楼梯 - 属性 - 属性定义 - 标准双跑楼梯。

（3）鲁班软件可以通过伸缩轴线调整轴网。

三、手工算量与软件算量对比与分析

（一）手工与软件计算差值对比

手工与软件计算差值对比见表 1-12。

表 1-12　手工与软件计算差值对比

工程名称	类别 清单/定额	手工 数值	广联达 招标	广联达 投标	广联达 定额	鲁班 清单	鲁班 定额
石材楼梯面层	清单	17.83m²	18.016m²	18.016m²		17.28m²	
	定额	17.83m²			18.016m²		17.28m²
	差值		0.186m²	0.186m²	0.186m²	0.55m²	0.55m²

（二）手工与软件计算差值分析

计算石材楼梯面层工程量时，由于计算时所用定额规则的不同（广联达软件使用北京 2013 的清单计算规则和 2012 的定额计算规则，鲁班软件使用 2008 全国清单计算规则和 2000 上海的定额计算规则），造成计算结果有差别：

（1）手工计算扣除了墙厚、墙面抹灰厚度，也扣除了楼梯井的投影面积。

（2）广联达软件计算石材楼梯面层工程量时仅仅扣除了墙厚。

（3）鲁班软件计算石材楼梯面层工程量时根据自己的计算规则扣除了楼梯井但没有扣除墙厚。

还要说明的是手工计算、广联达软件算量和鲁班软件算量过程中保留的有效数字位数不同，也给计算结果带来了一定差异。

第六节　台阶装饰

【例6】　如图 1-114 所示，某楼门前台阶镶贴陶瓷锦砖面层，试计算其工程量。

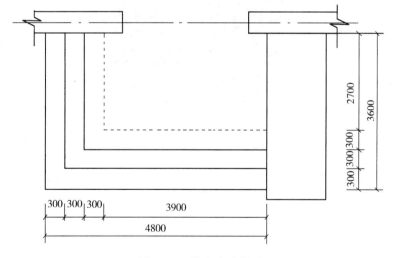

图 1-114　某台阶示意图

【解】　一、手工算量

（一）定额工程量计算

台阶面层工程量包括踏步及最上一层踏步外沿 300mm，按水平投影面积计算。

工程量 $= (4.8 \times 3.6 - 3.9 \times 2.7) = 6.75m^2$

套用消耗量定额 11－81。

(二)清单工程量计算

清单工程量计算同定额工程量：$S=6.75\text{m}^2$

清单工程量计算见表 1-13。

表 1-13　清单工程量计算

项目编码	项目名称	项目特征描述	计量单位	工程量
011107002001	块料台阶面	陶瓷锦砖	m^2	6.75

二、软件算量

(一)广联达软件算量

1. 清单模式下的招标

(1)定义台阶属性如图 1-115 所示。

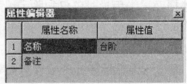

图 1-115　定义台阶属性(招标)

(2)软件画图如图 1-116 所示。

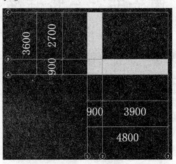

图 1-116　软件画图(招标)

(3)软件计算结果如图 1-117 所示。

一、台阶		
序号	构件名称/构件位置	工程量计算式
1	TAIJ-1	面积 = 6.75 m^2
1.1	TAIJ-1[7]/<2+1500,B-450>	面积 = 6.75 m^2

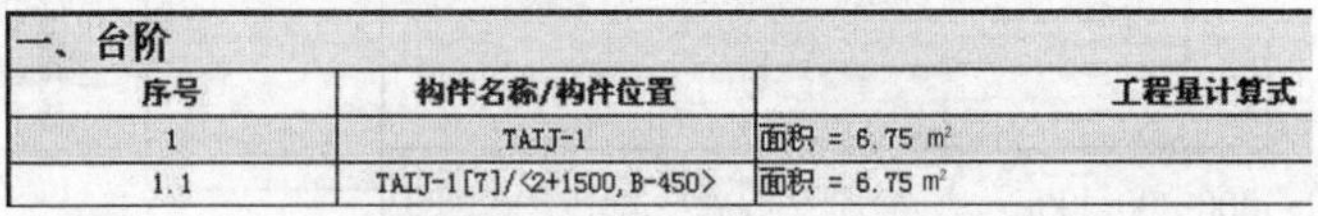

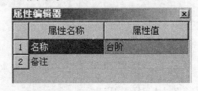

图 1-117　软件计算结果(招标)

2. 清单模式下的投标

(1)定义台阶属性如图 1-118 所示。

图 1-118　定义台阶属性(投标)

（2）软件画图如图 1-119 所示。

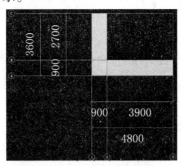

图 1-119　软件画图（投标）

（3）软件计算结果如图 1-120 所示。

一、台阶		
序号	构件名称/构件位置	工程量计算式
1	TAIJ-1	面积 = 6.75 m²
1.1	TAIJ-1[7]/〈2+1500, B-450〉	面积 = 6.75 m²

图 1-120　软件计算结果（投标）

3. 定额模式

（1）定义台阶属性如图 1-121 所示。

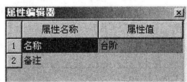

图 1-121　定义台阶属性（定额）

（2）软件画图如图 1-122 所示。

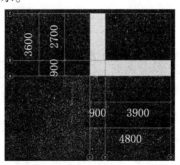

图 1-122　软件画图（定额）

（3）软件计算结果如图 1-123 所示。

一、台阶		
序号	构件名称/构件位置	工程量计算式
1	TAIJ-1	面积 = 6.75 m²
1.1	TAIJ-1[7]/〈2+1500, B-450〉	面积 = 6.75 m²

图 1-123　软件计算结果（定额）

4. 软件操作注意事项

(1)台阶的工程量以水平投影面积计算,包括平台部分的一个踏步宽度,而在广联达软件画图时,规定台阶最上层踏步阶数加 1。

(2)广联达软件中没有具体的台阶规格,只需要用台阶将台阶和台阶平台选中进行计算。

(二)鲁班软件算量

1. 清单模式

(1)定义台阶属性如图 1-124 所示。

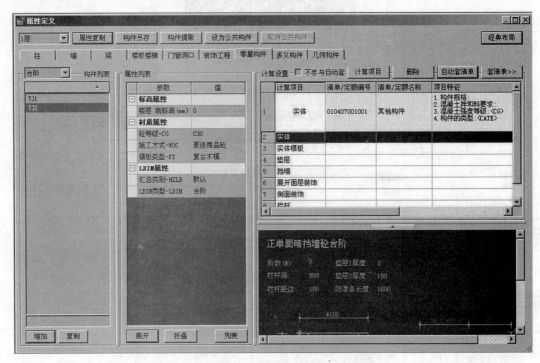

图 1-124 定义台阶属性(清单)

(2)软件画图如图 1-125 所示。

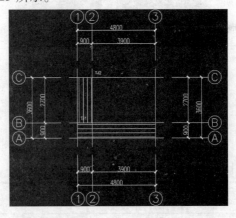

图 1-125 软件画图(清单)

(3)套清单如图 1-126 所示。

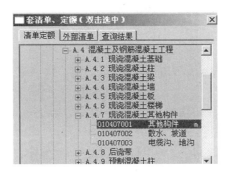

图 1-126　套清单(清单)

(4)软件计算结果如图 1-127 所示。

序号	项目编码	项目名称	计算式	计量单位	工程量
		A.4 混凝土及钢筋混凝土工程			
1	010407001001	其他构件: 1. 构件规格: 2. 混凝土拌和料要求: 3. 混凝土强度等级:C30 4. 构件的类型:		m²	6.75
		1层		m²	6.75
		TJ1		m²	4.32
		2/A-B	[TJD:台阶段]2.880+[XXPT:休息平台]1.440	m²	4.32
		TJ2		m²	2.43
		1-2/B-C	[TJD:台阶段]1.620+[XXPT:休息平台]0.810	m²	2.43

图 1-127　软件计算结果(清单)

2. 定额模式

(1)定义台阶属性如图 1-128 所示。

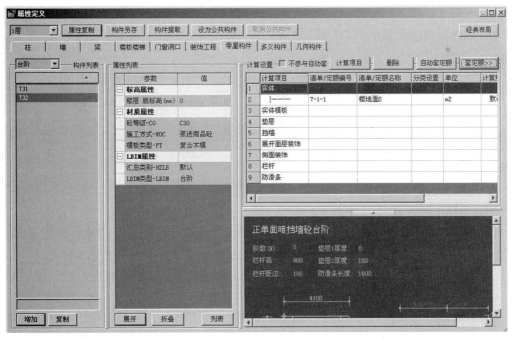

图 1-128　定义台阶属性(定额)

(2)软件画图如图 1-129 所示。

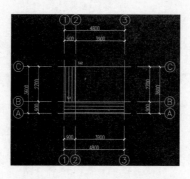

图 1-129　软件画图(定额)

(3)套定额如图 1-130 所示。

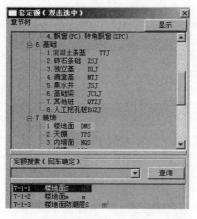

图 1-130　套定额(定额)

(4)软件计算结果如图 1-131 所示。

序号	定额编号	项目名称	计算式	单位	工程量
			7. 装饰		
1	7-1-1	楼地面S		m²	6.75
		1层		m²	6.75
		TJ1		m²	4.32
		2/A-B	[TJD:台阶段]2.880+[XXPT:休息平台]1.440	m²	4.32
		TJ2		m²	2.43
		1-2/B-C	[TJD:台阶段]1.620+[XXPT:休息平台]0.810	m²	2.43

图 1-131　软件计算结果(定额)

3. 软件操作注意事项

(1)在鲁班软件中只有正单面台阶和侧面台阶,台阶都只有一面,而题中的台阶往往为多面,需要我们用单面台阶组合形成多面台阶。

(2)台阶的工程量以水平投影面积计算,包括平台部分的一个踏步宽度。

(3)在鲁班软件定额计算台阶工程量套定额时找不到台阶相关定额,以楼地面代替。

(4)在鲁班软件套清单时候,找不到与台阶相关构件,只能套用其他构件,并把计算单位由立方米改为平方米。在定额计算台阶面积时,套用楼地面进行计算。

三、手工算量与软件算量对比与分析

(一)手工与软件计算差值对比

手工与软件计算差值对比见表 1-14。

表 1-14 手工与软件计算差值对比

工程名称	类别 清单/定额	手工数值	广联达招标	广联达投标	广联达定额	鲁班清单	鲁班定额
台阶	清单	6.75	6.75	6.75		6.75	
	定额	6.75			6.75		6.75
	差值		0	0	0	0	0

（二）手工与软件计算差值分析

（1）台阶的工程量以水平投影面积计算，注意踏步阶数加1（最上层踏步外沿加30cm）。

（2）鲁班软件和广联达软件由于与手算的计算结果保留的有效数字不同，可能导致计算结果产生误差。

第二章 墙柱面工程

第一节 墙面抹灰

【例1】 如图2-1所示，二层最右侧房间水泥砂浆抹灰内墙裙高1.2m，求其工程量。

【解】 一、手工算量

（一）清单工程量$\{[(4.5-0.24)\times2+(8-0.24)\times2-0.9]\times1.2\mathrm{m}^2=27.77\mathrm{m}^2$

清单工程量计算见表2-1。

表2-1 清单工程量计算

项目编码	项目名称	项目特征描述	计量单位	工程量
011201001001	墙面一般抹灰	内墙裙水泥砂浆抹灰	m^2	27.77

（二）定额工程量（计算方法同清单工程量）套用消耗量定额12－1。

二、软件算量

（一）广联达软件算量

1. 清单模式下的招标

（1）本题需要定义墙体、窗、门、房间的属性

1）定义墙体属性如图2-2所示。

图2-2 定义墙体属性（招标）

2）定义门属性（两种不同参数的门，具体参数看题目）如图2-3所示。

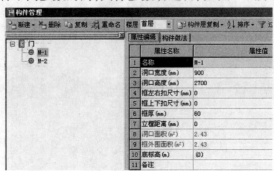

图2-3 定义门属性（招标）

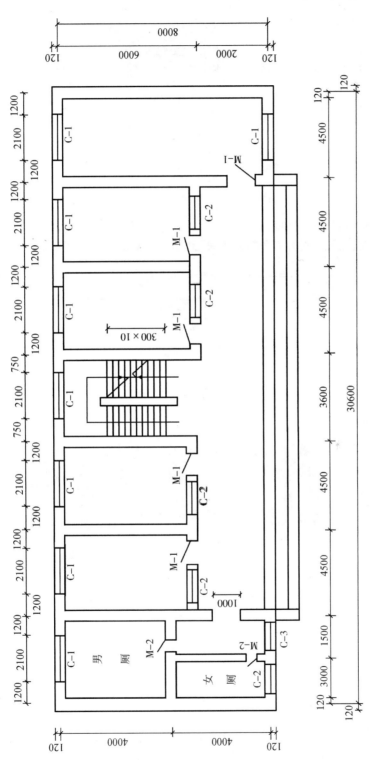

图2-1 二层、三层平面图

3)定义窗属性(三种不同参数的窗,具体参数看题目)如图 2-4 所示。

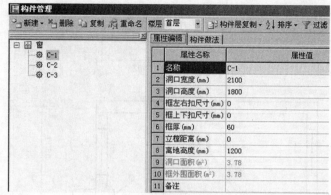

图 2-4　定义窗属性(招标)

4)定义房间属性(两种属性的房间,具体参数看题目)如图 2-5 所示。

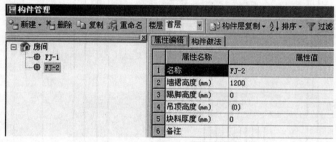

图 2-5　定义房间属性(招标)

(2)软件画图如图 2-6 所示。

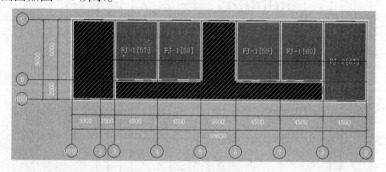

图 2-6　软件画图(招标)

(3)软件计算结果如图 2-7 所示。

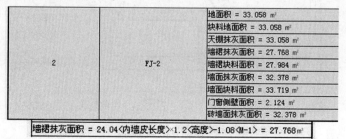

图 2-7　软件计算结果(招标)

2．清单模式下的投标

（1）本题需要定义墙体、窗、门、房间的属性

1）定义墙体属性如图2-8所示。

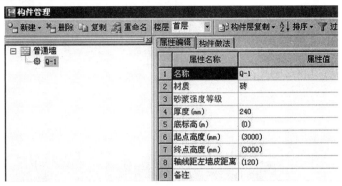

图2-8　定义墙体属性（投标）

2）定义门属性（两种不同参数的门，具体参数看题目）如图2-9所示。

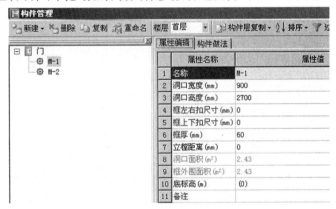

图2-9　定义门属性（投标）

3）定义窗属性（三种不同参数的窗，具体参数看题目）如图2-10所示。

图2-10　定义窗属性（投标）

4）定义房间属性（两种属性的房间，具体参数看题目）如图2-11所示。

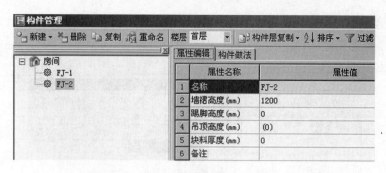

图2-11 定义房间属性(投标)

(2)软件画图如图2-12所示。

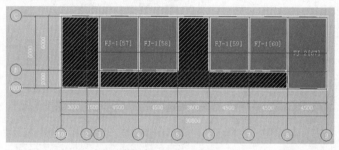

图2-12 软件画图(投标)

(3)软件计算结果如图2-13所示。

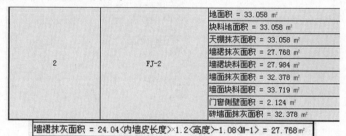

图2-13 软件计算结果(投标)

3. 定额模式

(1)本题需要定义墙体、窗、门、房间的属性

1)定义墙体属性如图2-14所示。

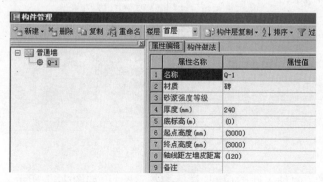

图2-14 定义墙体属性(定额)

2)定义门属性(两种不同参数的门,具体参数看题目)如图 2-15 所示。

图 2-15 定义门属性(定额)

3)定义窗属性(三种不同参数的窗,具体参数看题目)如图 2-16 所示。

图 2-16 定义窗属性(定额)

4)定义房间属性(两种属性的房间,具体参数看题目)如图 2-17 所示。

图 2-17 定义房间属性(定额)

(2)软件画图如图 2-18 所示。

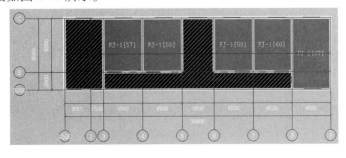

图 2-18 软件画图(定额)

(3)软件计算结果如图 2-19 所示。

序号	构件名称/构件位置	工程量计算式
2	FJ-2	地面积 = 33.058 m²
		块料地面积 = 33.166 m²
		天棚抹灰面积 = 33.058 m²
		天棚装饰面积 = 33.058 m²
		墙裙抹灰面积 = 27.768 m²
		墙裙块料面积 = 27.984 m²
		墙面抹灰面积 = 32.378 m²
		墙面块料面积 = 33.719 m²
		门窗侧壁面积 = 2.124 m²
		砖墙抹灰面积 = 32.378 m²
		砖墙裙抹灰面积 = 27.768 m²
		房间周长 = 24.04 m

墙裙抹灰面积 = 24.04〈内墙皮长度〉×1.2〈高度〉-1.08〈M-1〉= 27.768 m²

图 2-19　软件计算结果(定额)

4. 软件操作注意事项

该题仅计算最右侧房间的墙裙抹灰工程量,该房间墙裙高度为 1200mm。

(二)鲁班软件算量

1. 清单模式

(1)本题需要定义墙体、窗、门、内墙面、房间的属性

1)定义墙体属性如图 2-20 所示。

图 2-20　定义墙体属性(清单)

2)定义门、窗属性(具体参数看题目)如图 2-21 所示。

a)

图 2-21　定义门窗属性(清单)

a)定义门属性

b)

图 2-21　定义门窗属性(清单)(续)

b)定义窗属性

3)定义内墙面、房间、墙裙属性如图 2-22 所示。

图 2-22　定义内墙面、房间、墙裙属性(清单)

a)、b)定义内墙面属性　c)、d)定义房间属性

e)

图 2-22　定义内墙面、房间、墙裙属性(清单)(续)

e)定义墙裙属性

(2)软件画图如图 2-23 所示。

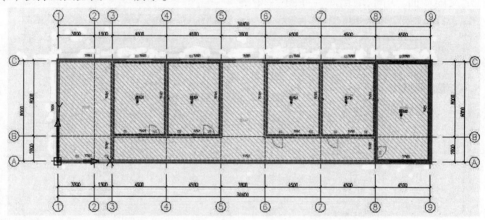

图 2-23　软件画图

(3)套清单如图 2-24 所示。

	计算项目	清单/定额编号	清单/定额名称	项目特征
1	面层	020201001001	墙面一般抹灰	1. 墙体类型:<WT> 2. 底层厚度、砂浆配合比: 3. 面层厚度、砂浆配合比: 4. 装饰面材料种类: 5. 分格缝宽度、材料种类:
2	基层			
3	├──	7-3-1	内墙面	
4	面层			
5	├──	7-3-1	内墙面	
6	装饰脚手架			
7	├──	7-3-2	内墙面装饰脚…	

a)

图 2-24　套清单(清单)

a)墙面一般抹灰

b)

c)

d)

图 2-24 套清单(清单)(续)

b)金属推拉窗 c)镶板木门 d)直形墙

(4)软件计算结果如图 2-25 所示。

1层		m²	27.94	
QQ1		m²	27.94	
8/B—C	7.76[长度]×1.2[高度]+0.07×2.4[门窗侧壁]−1.08[门]	m²	8.4	
9/A—C	7.76[长度]×1.2[高度]	m²	9.31	
A/8—9	4.26[长度]×1.2[高度]	m²	10.22	5.11×2件

图 2-25 软件计算结果(清单)

2. 定额模式

(1)本题需要定义墙体、窗、门、内墙面、房间的属性。

1)定义墙体属性如图 2-26 所示。

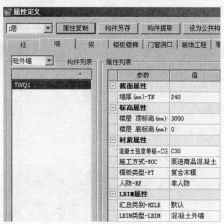

图 2-26　定义墙属性(定额)

2)定义门、窗属性(具体参数看题目)如图 2-27 所示。

a)

b)

图 2-27　定义门、窗属性(定额)

a)定义门属性　b)定义窗属性

3)定义内墙面、房间、墙裙属性如图 2-28 所示。

图 2-28　定义内墙面、房间、墙裙属性(定额)

a)、b)定义内墙面属性　c)、d)定义房间属性　e)定义墙裙属性

(2)软件画图如图 2-29 所示。

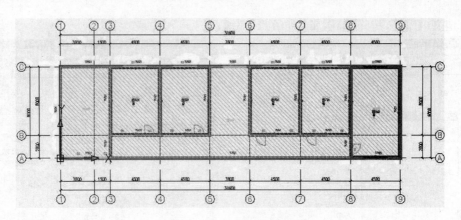

图 2-29　软件画图(定额)

(3)套定额如图 2-30 所示。

a)

b)

c)

d)

图 2-30　套定额(定额)

a)内墙面　b)混凝土外墙实体　c)窗　d)门

（4）软件计算结果如图2-31所示。

2	7-4-1	墙裙		m²	27.94	
		1层		m²	27.94	
		QQ1		m²	27.94	
		8/B-C	7.76[长度]×1.2[高度]+0.07×2.4[门.窗侧壁] -1.08[门]	m²	8.40	
		9/A-C	7.76[长度]×1.2[高度]	m²	9.31	
		A/8-9	4.26[长度]×1.2[高度]	m²	10.22	5.11×2件

图2-31 软件计算结果（定额）

3. 软件操作注意事项

（1）该题仅计算最右侧房间的墙裙抹灰工程量，该房间墙裙高度为1200mm。

（2）鲁班软件中内外墙裙都是在墙裙中定义的。

三、手工算量与软件算量对比与分析

（一）手工与软件计算差值对比

手工与软件计算差值对比见表2-2。

表2-2 手工与软件计算差值对比

工程名称	清单/定额 类别	手工 数值	广联达 招标	广联达 投标	广联达 定额	鲁班 清单	鲁班 定额
内墙面抹灰 工程量	清单	27.77m²	27.768m²	27.768m²		27.94m²	
	定额	27.77m²			27.768m²		27.94m²
	差值		0.002	0.002	0.002	0.17	0.17

（二）手工与软件计算差值分析

（1）手工计算进行了四舍五入，广联达软件没有进行四舍五入，因此两者有微小的差别。

（2）鲁班软件在计算内墙面抹灰工程量时，加上了门窗侧壁面积，广联达软件中门窗侧壁面积是单独列出来的，手工计算没有计算门窗侧壁的抹灰工程量。

综上所述，手工计算与广联达软件计算内墙抹灰工程量用的计算方法是一样的，都没有计算门窗侧壁面积的抹灰工程量，鲁班软件计算内墙抹灰工程量时加入了门窗侧壁面积的抹灰工程量。因此鲁班软件的计算结果比前两者稍大。

第二节 墙面块料面层

【例2】 某卫生间墙面装饰如图2-32所示。做法为12mm厚1：3水泥砂浆底层，5mm厚素水泥砂浆结合层。已知该工程为三类工程，250mm×330mm瓷砖为6.5元/块，250mm×80mm瓷砖腰线15元/块，其余材料价格按定额价，并且不考虑门、窗小面瓷砖。计算该分项工程的工程量。

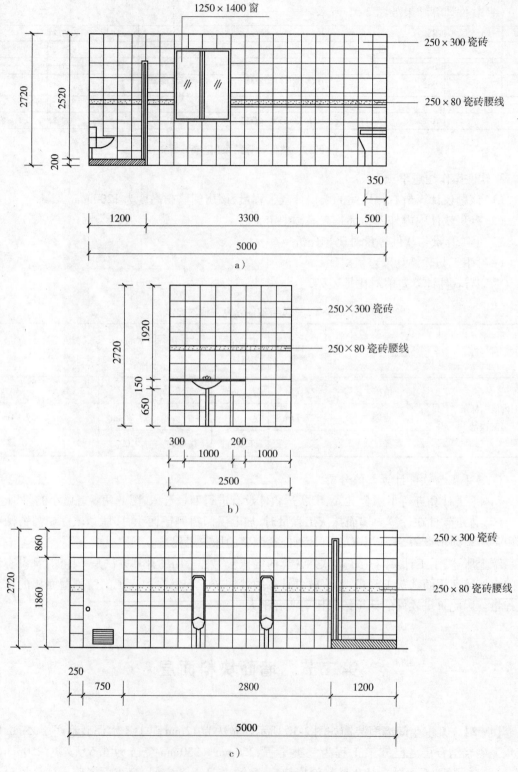

图 2-32　某卫生间墙面装饰示意图

a)男卫生间 A 立面　b)男卫生间 B 立面　c)男卫生间 C 立面

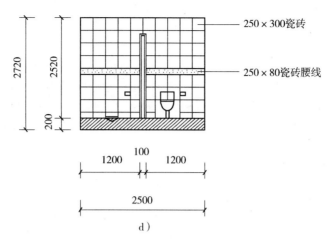

图 2-32　某卫生间墙面装饰示意图（续）

d）男卫生间 D 立面

【解】　一、手工算量

（1）2013 清单与 2008 清单对照

2013 清单与 2008 清单对照见表 2-3。

表 2-3　2013 清单与 2008 清单对照表

清单	项目编码	项目名称	项目特征	计算单位	工程量计算规则	工作内容
2013 清单	011204003	块料墙面	1. 墙体类型 2. 安装方式 3. 面层材料品种、规格、颜色 4. 缝宽、嵌缝材料种类 5. 防护材料种类 6. 磨光、酸洗、打蜡要求	m²	按镶贴表面积计算	1. 基层清理 2. 砂浆制作、运输 3. 粘结层铺贴 4. 面层安装 5. 嵌缝 6. 刷防护材料 7. 磨光、酸洗、打蜡
2008 清单	020204003	块料墙面	1. 墙体类型 2. 底层厚度、砂浆配合比 3. 贴结层厚度、材料种类 4. 挂贴方式 5. 干挂方式（膨胀螺栓、钢龙骨） 6. 面层材料品种、规格、品牌、颜色 7. 缝宽、嵌缝材料种类 8. 防护材料种类 9. 磨光、酸洗、打蜡要求	m²	按设计图示尺寸以镶贴表面积计算	1. 基层清理 2. 砂浆制作、运输 3. 底层抹灰 4. 结合层铺贴 5. 面层铺贴 6. 面层挂贴 7. 面层干挂 8. 嵌缝 9. 刷防护材料 10. 磨光、酸洗、打蜡

（2）清单工程量

250×80 瓷砖腰线：$[(2.5+5)\times2-1.25-0.75]m = 13m$

250×330 瓷砖：$[(2.5+5)\times2\times2.72-0.75\times1.86-1.25\times1.4-(2.5+1.2\times2)\times0.2-$
$\qquad 13\times0.08]m^2 = (40.8-1.395-1.75-0.98-1.04)m^2 = 36.64m^2$

☞贴心助手：2.5 为卫生间的宽度，5.0 为其长度，2.72 为卫生间高度，0.75 为门洞的宽度，1.86 为门洞的高度，1.25 为窗户的宽度，1.4 为窗户的高度，2.5 为水池台阶的长度，1.2 为其侧面宽度，0.2 为台阶高度。

（3）清单工程量计算

清单工程量计算见表 2-4

表 2-4　清单工程量计算

项目编码	项目名称	项目特征描述	计量单位	工程量
11204003001	块料墙面	墙面铺瓷砖	m^2	37.04

二、软件算量

（一）广联达软件算量

1.清单模式下的招标

（1）定义属性

1）定义墙面装修属性如图 2-33 所示。

属性名称	属性值
名称	NQMZX-1
墙裙高度 (mm)	0
踢脚高度 (mm)	0
备注	

图 2-33　定义墙面装修属性(招标)

2）定义门属性如图 2-34 所示。

属性名称	属性值
名称	M-1
洞口宽度 (mm)	750
洞口高度 (mm)	1860
框左右扣尺寸 (mm)	0
框上下扣尺寸 (mm)	0
框厚 (mm)	0
立樘距离 (mm)	0
洞口面积 (m²)	1.395
框外围面积 (m²)	1.395
底标高 (m)	(0)
备注	

图 2-34　定义门属性(招标)

3）定义窗属性如图 2-35 所示。

属性名称	属性值
名称	C-1
洞口宽度 (mm)	1250
洞口高度 (mm)	1400
框左右扣尺寸 (mm)	0
框上下扣尺寸 (mm)	0
框厚 (mm)	0
立樘距离 (mm)	0
离地高度 (mm)	900
洞口面积 (m²)	1.75
框外围面积 (m²)	1.75
备注	

图 2-35　定义窗属性(招标)

4）定义墙属性如图 2-36 所示。

属性名称	属性值
名称	Q-1
材质	砖
砂浆强度等级	
厚度(mm)	240
底标高(m)	(0)
起点高度(mm)	2720
终点高度(mm)	2720
轴线距左墙皮距离	0
备注	

图 2-36　定义墙属性（招标）

（2）软件画图

1）墙面装修平面图如图 2-37 所示。

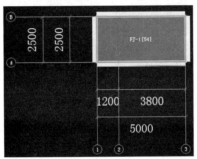

图 2-37　墙面装修平面图（招标）

2）门窗分布平面图如图 2-38 所示。

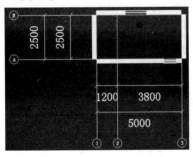

图 2-38　门窗分布平面图（招标）

（3）软件计算结果

墙面装修计算结果如图 2-39 所示。

一、单墙面装修		
序号	构件名称/构件位置	工程量计算式
1	NQMZX-1	墙面抹灰面积 = 24.327 m²
1.1	NQMZX-1[51]/⟨3, A⟩、⟨3, B⟩	墙面抹灰面积 = 6.8 m²
1.2	NQMZX-1[52]/⟨3, B⟩、⟨2, B⟩	墙面抹灰面积 = 8.586 m²
1.3	NQMZX-1[53]/⟨2, A⟩、⟨3, A⟩	墙面抹灰面积 = 8.941 m²
2	NQMZX-2	墙面抹灰面积 = 13.328 m²
2.1	NQMZX-2[48]/⟨1, B⟩、⟨1, A⟩	墙面抹灰面积 = 6.8 m²
2.2	NQMZX-2[49]/⟨1, A⟩、⟨2, A⟩	墙面抹灰面积 = 3.264 m²
2.3	NQMZX-2[50]/⟨2, B⟩、⟨1, B⟩	墙面抹灰面积 = 3.264 m²

图 2-39　墙面装修计算结果（招标）

2. 清单模式下的投标

(1)定义属性

1)定义墙面装修属性如图 2-40 所示。

属性名称	属性值
名称	NQMZX-1
墙裙高度(mm)	0
踢脚高度(mm)	0
备注	

图 2-40　定义墙面装修属性(投标)

2)定义门属性如图 2-41 所示。

属性名称	属性值
名称	M-1
洞口宽度(mm)	750
洞口高度(mm)	1860
框左右扣尺寸(mm)	0
框上下扣尺寸(mm)	0
框厚(mm)	0
立樘距离(mm)	0
洞口面积(m²)	1.395
框外围面积(m²)	1.395
底标高(m)	(0)
备注	

图 2-41　定义门属性(投标)

3)定义窗属性如图 2-42 所示。

属性名称	属性值
名称	C-1
洞口宽度(mm)	1250
洞口高度(mm)	1400
框左右扣尺寸(mm)	0
框上下扣尺寸(mm)	0
框厚(mm)	0
立樘距离(mm)	0
离地高度(mm)	900
洞口面积(m²)	1.75
框外围面积(m²)	1.75
备注	

图 2-42　定义窗属性(投标)

4)定义墙属性如图 2-43 所示。

属性名称	属性值
名称	Q-1
材质	砖
砂浆强度等级	
厚度(mm)	240
底标高(m)	(0)
起点高度(mm)	2720
终点高度(mm)	2720
轴线距左墙皮距离	0
备注	

图 2-43　定义墙属性(投标)

（2）软件画图

1）墙面装修平面图如图 2-44 所示。

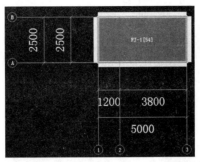

图 2-44 墙面装修平面图（投标）

2）门窗分布平面图如图 2-45 所示。

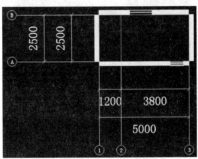

图 2-45 门窗分布平面图（投标）

（3）软件计算结果

墙面装修计算结果如图 2-46 所示。

一、单墙面装修		
序号	构件名称/构件位置	工程量计算式
1	NQMZX-1	墙面抹灰面积 = 24.327 m²
1.1	NQMZX-1[51]/⟨3, A⟩, ⟨3, B⟩	墙面抹灰面积 = 6.8 m²
1.2	NQMZX-1[52]/⟨3, B⟩, ⟨2, B⟩	墙面抹灰面积 = 8.586 m²
1.3	NQMZX-1[53]/⟨2, A⟩, ⟨3, A⟩	墙面抹灰面积 = 8.941 m²
2	NQMZX-2	墙面抹灰面积 = 13.328 m²
2.1	NQMZX-2[48]/⟨1, B⟩, ⟨1, A⟩	墙面抹灰面积 = 6.8 m²
2.2	NQMZX-2[49]/⟨1, A⟩, ⟨2, A⟩	墙面抹灰面积 = 3.264 m²
2.3	NQMZX-2[50]/⟨2, B⟩, ⟨1, B⟩	墙面抹灰面积 = 3.264 m²

图 2-46 墙面装修计算结果（投标）

3. 定额模式

（1）定义属性

1）定义墙面装修属性如图 2-47 所示。

属性名称	属性值
名称	NQMZX-1
墙裙高度(mm)	0
踢脚高度(mm)	0
备注	

图 2-47 定义墙面装修属性（定额）

2）定义门属性如图 2-48 所示。

属性名称	属性值
名称	M-1
洞口宽度 (mm)	750
洞口高度 (mm)	1860
框左右扣尺寸 (mm)	0
框上下扣尺寸 (mm)	0
框厚 (mm)	0
立樘距离 (mm)	0
洞口面积 (m²)	1.395
框外围面积 (m²)	1.395
底标高 (m)	(0)
备注	

图 2-48　定义门属性(定额)

3)定义窗属性如图 2-49 所示。

属性名称	属性值
名称	C-1
洞口宽度 (mm)	1250
洞口高度 (mm)	1400
框左右扣尺寸 (mm)	0
框上下扣尺寸 (mm)	0
框厚 (mm)	0
立樘距离 (mm)	0
离地高度 (mm)	900
洞口面积 (m²)	1.75
框外围面积 (m²)	1.75
备注	

图 2-49　定义窗属性(定额)

4)定义墙属性如图 2-50 所示。

属性名称	属性值
名称	Q-1
材质	砖
砂浆强度等级	
厚度 (mm)	240
底标高 (m)	(0)
起点高度 (mm)	2720
终点高度 (mm)	2720
轴线距左墙皮距离	0
备注	

图 2-50　定义墙属性(定额)

(2)软件画图

1)墙面装修平面图如图 2-51 所示。

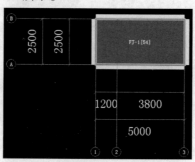

图 2-51　墙面装修示意图(定额)

2)门窗分布平面图如图 2-52 所示。

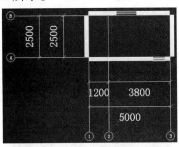

图 2-52　门窗分布平面图(定额)

(3)软件计算结果

墙面装修计算结果如图 2-53 所示。

一、单墙面装修		
序号	构件名称/构件位置	工程量计算式
1	NQMZX-1	墙面抹灰面积 = 24.327 m²
1.1	NQMZX-1[51]/〈3, A〉,〈3, B〉	墙面抹灰面积 = 6.8 m²
1.2	NQMZX-1[52]/〈3, B〉,〈2, B〉	墙面抹灰面积 = 8.586 m²
1.3	NQMZX-1[53]/〈2, A〉,〈3, A〉	墙面抹灰面积 = 8.941 m²
2	NQMZX-2	墙面抹灰面积 = 13.328 m²
2.1	NQMZX-2[48]/〈1, B〉,〈1, A〉	墙面抹灰面积 = 6.8 m²
2.2	NQMZX-2[49]/〈1, A〉,〈2, A〉	墙面抹灰面积 = 3.264 m²
2.3	NQMZX-2[50]/〈2, B〉,〈1, B〉	墙面抹灰面积 = 3.264 m²

图 2-53　墙面装修计算结果(定额)

4.软件操作注意事项

(1)墙的高度为 2720mm。

(2)图 2-32 中轴线的轴距为内墙线的尺寸,不是墙中心线的尺寸。

(3)定义单墙面装修的时候一定要定义房间。

(4)墙面装修的总的工程量为$(24.327 + 13.328)$m² $= 37.66$m²。

(二)鲁班软件算量

1.清单模式

(1)定义属性

1)定义墙属性如图 2-54 所示。

参数	值
墙厚(mm)-TN	240
楼层 顶标高(mm)-TH	2720
楼层 底标高(mm)-BH	0
砂浆强度等级-MG	M7.5水泥
搅拌方式-WM	现拌
砌体类型-BT	多孔砖
砌体强度-BG	MU10
汇总类别-HZLB	默认
LBIM类型-LBIM	砖内墙

图 2-54　定义墙属性(清单)

2)定义内墙面装修属性如图 2-55 所示。

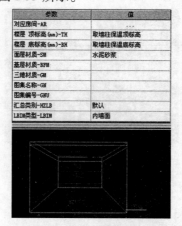

参数	值
对应房间-AR	...
楼层 顶标高(mm)-TH	取墙柱保温顶标高
楼层 底标高(mm)-BH	取墙柱保温底标高
面层材质-SM	水泥砂浆
基层材质-BFM	
三维材质-GM	
图集名称-GN	
图集编号-GNU	
汇总类别-HZLB	默认
LBIM类型-LBIM	内墙面

图 2-55 定义内墙面装修属性(清单)

3)定义门属性如图 2-56 所示。

参数	值
框厚(mm)-TOF	0
楼层 底标高(mm)-BK	0
材质-MT	木质
类型-CATE	装饰门
开启方式-OM	平开
开启角度-JD	45
安装位置-WZ	开启方向居中
门扇数-DN	单扇
是否有亮-BON	无亮
五金材料-HM	防火门锁
油漆-P	聚酯混漆
增减遍数(遍)-PTS	0
图集名称-GN	
图集编号-GNU	
汇总类别-HZLB	默认
LBIM类型-LBIM	门

图 2-56 定义门属性(清单)

4)定义窗属性如图 2-57 所示。

参数	值
框厚(mm)-TOF	0
楼层 底标高(mm)-BH	900
材质-MT	铝合金
类型-CATE	普通窗
开启方式-OM	平开
油漆-P	聚酯混漆
增减遍数(遍)-PTS	0
图集名称-GN	
图集编号-GNU	
汇总类别-HZLB	默认
LBIM类型-LBIM	窗

图 2-57 定义窗属性(清单)

5）定义踢脚属性如图 2-58 所示。

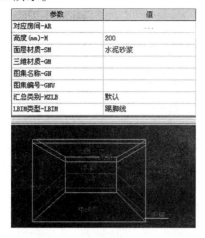

图 2-58 定义踢脚属性（清单）

（2）软件画图

墙面装修平面图如图 2-59 所示。

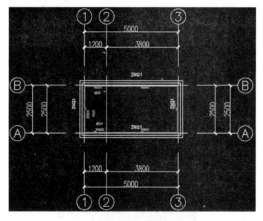

图 2-59 墙面装修平面图（清单）

（3）套清单

墙面装修清单如图 2-60 所示。

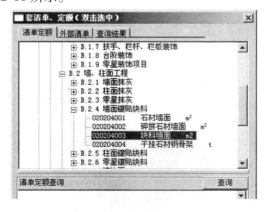

图 2-60 墙面装修清单（清单）

（4）软件计算结果如图 2-61 所示。

序号	项目编码	项目名称	计算式	计量单位	工程量	备注
		B.2 墙、柱面工程				
1	020204003	块料墙面 1. 缝宽、嵌缝材料种类: 2. 墙体类型:砖内墙 3. 贴结层厚度、材料种类: 4. 挂贴方式(膨胀螺栓、钢龙骨): 5. 干挂方式(膨胀螺栓、钢龙骨): 6. 磨光、酸洗、打蜡要求: 7. 面层材料品种、规格、品牌、颜色: 8. 防护材料种类: 9. 底层厚度、砂浆配合比:		m²	36.68	
		1层		m²	36.68	
		NQM1		m²	24.33	
		3/A-B	2.5[长度]×2.72[高度]	m²	6.80	
		A/2-3	3.8[长度]×2.72[高度]-1.39S[门]	m²	8.94	
		B/2-3	3.8[长度]×2.72[高度]-1.75[窗]	m²	8.59	
		NQM2		m²	12.35	
		1/A-B	2.5[长度]×2.72[高度]-0.5[踢脚]	m²	6.30	
		A/1-2	1.2[长度]×2.72[高度]-0.24[踢脚]	m²	6.05	3.02×2件

图 2-61　软件计算结果（清单）

2. 定额模式

（1）定义属性

1）定义墙属性如图 2-62 所示。

参数	值
墙厚(mm)-TN	240
楼层 顶标高(mm)-TH	2720
楼层 底标高(mm)-BH	0
砂浆强度等级-MG	M7.5水泥
搅拌方式-WM	现拌
砌体类型-BT	多孔砖
砌体强度-BG	MU10
汇总类别-HZLB	默认
LBIM类型-LBIM	砖内墙

图 2-62　定义墙属性（定额）

2）定义内墙面装修属性如图 2-63 所示。

参数	值
对应房间-AR	…
楼层 顶标高(mm)-TH	取墙柱保温顶标高
楼层 底标高(mm)-BH	取墙柱保温底标高
面层材质-SM	水泥砂浆
基层材质-BFM	
三维材质-GM	
图集名称-GN	
图集编号-GNU	
汇总类别-HZLB	默认
LBIM类型-LBIM	内墙面

图 2-63　定义内墙面装修属性（定额）

3)定义门属性如图2-64所示。

参数	值
框厚(mm)-TOF	0
楼层 底标高(mm)-BH	0
材质-MT	木质
类型-CATE	装饰门
开启方式-OM	平开
开启角度-JD	45
安装位置-WZ	开启方向居中
门扇数-DN	单扇
是否有亮-BON	无亮
五金材料-KM	防火门锁
油漆-P	聚酯混漆
增减遍数(遍)-PTS	0
图集名称-GN	
图集编号-GNU	
汇总类别-HZLB	默认
LBIM类型-LBIM	门

图2-64 定义门属性(定额)

4)定义窗属性如图2-65所示。

参数	值
框厚(mm)-TOF	0
楼层 底标高(mm)-BH	900
材质-MT	铝合金
类型-CATE	普通窗
开启方式-OM	平开
油漆-P	聚酯混漆
增减遍数(遍)-PTS	0
图集名称-GN	
图集编号-GNU	
汇总类别-HZLB	默认
LBIM类型-LBIM	窗

图2-65 定义窗属性(定额)

5)定义踢脚属性如图2-66所示。

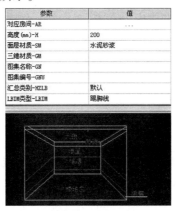

参数	值
对应房间-AR	…
高度(mm)-H	200
面层材质-SM	水泥砂浆
三维材质-GM	
图集名称-GN	
图集编号-GNU	
汇总类别-HZLB	默认
LBIM类型-LBIM	踢脚线

图2-66 定义踢脚属性(定额)

(2)软件画图

墙面装修平面图如图 2-67 所示。

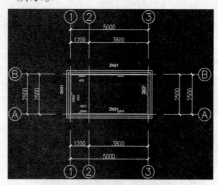

图 2-67　墙面装修平面图(定额)

(3)套定额

墙面装修定额如图 2-68 所示。

图 2-68　墙面装修定额(定额)

(4)软件计算结果如图 2-69 所示。

序号	定额编号	项目名称	计算式	单位	工程量	备注
			7.装饰			
1	7-3-1	内墙面		m²	36.68	
			1层	m²	36.68	
		NQM1		m²	24.33	
		3/A~B	2.5[长度]×2.72[高度]	m²	6.80	
		A/2~3	3.8[长度]×2.72[高度] -1.395[门]	m²	8.94	
		B/2~3	3.8[长度]×2.72[高度] -1.75[窗]	m²	8.59	
		NQM2		m²	12.35	
		1/A~B	2.5[长度]×2.72[高度] -0.5[踢脚]	m²	6.30	
		A/1~2	1.2[长度]×2.72[高度] -0.24[踢脚]	m²	6.05	3.02×2件

图 2-69　软件计算结果(定额)

3. 软件操作注意事项

(1)墙的高度为 2720mm。

(2)图 2-32 中轴线的轴距为内墙线的尺寸,不是墙中心线的尺寸。

三、手工算量与软件算量对比与分析

(一)手工与软件计算差值对比

手工与软件计算差值对比见表 2-5。

表 2-5　手工与软件计算差值对比

工程名称	类别 清单/定额	手工 数值	广联达 招标	广联达 投标	广联达 定额	鲁班 清单	鲁班 定额
块料墙面	清单	35.64	37.66	37.66		36.68	
	定额	35.64			37.66		36.68
	差值		2.02	2.02	2.02	1.04	1.04

（二）手工与软件计算差值分析

（1）水池台阶扣除问题

手工算量与鲁班软件算量里面扣除了水池台阶所占的面积$(2.5 + 1.2 \times 2) \times 0.2 m^2 = 0.98 m^2$，而广联达软件算量则未扣除这部分的面积。

（2）瓷砖腰线扣除问题

手工算量里面扣除了瓷砖腰线所占的面积$(2.5 \times 2 + 5 \times 2) \times 0.08 m^2 = 1.04 m^2$，而广联达软件算量和鲁班软件算量则未扣除这部分的面积。

第三节　墙饰面

【例3】　试计算如图 2-70 所示墙面装饰工程量。

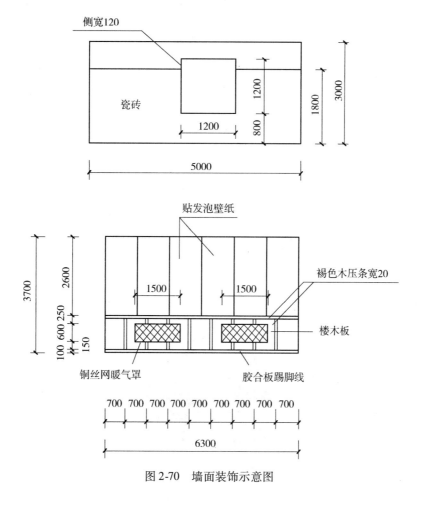

图 2-70　墙面装饰示意图

【解】 一、手工算量

(1)墙面贴壁纸的工程量：$6.30 \times 2.6 m^2 = 16.38 m^2$

【注释】 墙面贴壁纸的长度为6.3m,高度为2.6m。

(2)贴柚木板墙裙的工程量：$[6.30 \times (0.15 + 0.60 + 0.25) - 1.50 \times 0.60 \times 2] m^2 = 4.5 m^2$

【注释】 贴柚木板墙裙的长度为6.3m,高度为$(0.15 + 0.60 + 0.25)$m,面积为$6.30m \times (0.15 + 0.60 + 0.25)$m。1.5为铜丝网暖气罩的长度,0.6为其宽度,2为其数量,扣除两个铜丝网暖气罩的面积,得到贴柚木板墙裙的工程量。

(3)铜丝网暖气罩的工程量：$1.50 \times 0.60 \times 2 m^2 = 1.8 m^2$

(4)木压条的工程量：$[6.3 + (0.15 + 0.60 + 0.25) \times 8] m = 14.3 m$

【注释】 横向的木压条的长度为6.3m,纵向的木压条的长度为$(0.15 + 0.60 + 0.25)$m,数目为8根。

(5)踢脚线工程量：$6.3 \times 0.1 m^2 = 0.63 m^2$

【注释】 以图2-70中所示延长米计算。

清单工程量计算见表2-6。

表2-6 清单工程量计算

序号	项目编码	项目名称	项目特征描述	计量单位	工程量
1	011408001001	墙纸裱糊	1. 内墙面 2. 贴壁纸	m^2	16.38
2	011207001001	墙面装饰板	1. 内墙面 2. 贴柚木板墙裙	m^2	4.50
3	011105005001	木质踢脚线	1. 踢脚线高100mm 2. 胶合板踢脚线	m^2	$6.3 \times 0.1 = 0.63$

二、软件算量

(一)广联达软件算量

1.清单模式下的招标

(1)定义属性如图2-71所示。

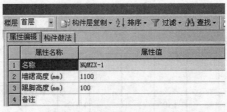

图2-71 定义属性(招标)

(2)软件画图如图2-72所示。

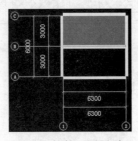

图2-72 软件画图(招标)

(3)软件计算结果如图 2-73 所示。

一、单墙面装修		
序号	构件名称/构件位置	工程量计算式
1	NQMZX-1	踢脚抹灰面积 = 0.63 m²
		踢脚块料面积 = 0.63 m²
		墙裙抹灰面积 = 6.03 m²
		墙裙块料面积 = 6.408 m²
		墙面抹灰面积 = 16.38 m²
		墙面块料面积 = 16.38 m²
1.1	NQMZX-1[29]/<1,B>,<2,B>	踢脚抹灰面积 = 0.63 m²
		踢脚块料面积 = 0.63 m²
		墙裙抹灰面积 = 6.03 m²
		墙裙块料面积 = 6.408 m²
		墙面抹灰面积 = 16.38 m²
		墙面块料面积 = 16.38 m²

图 2-73　软件计算结果(招标)

墙裙实际工程量 $=(6.93-0.63)\mathrm{m}^2=5.4\mathrm{m}^2$

2. 清单模式下的投标

(1)定义属性如图 2-74 所示。

楼层 首层 ｜ 构件层复制 ▾ 排序 ▾ 过滤 ▾ 查找 ▾

属性编辑 ｜ 构件做法

	属性名称	属性值
1	名称	NQMZX-1
2	墙裙高度(mm)	1100
3	踢脚高度(mm)	100
4	备注	

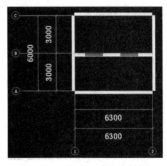

图 2-74　定义属性(投标)

(2)软件画图如图 2-75 所示。

图 2-75　软件画图(投标)

(3)软件计算结果如图 2-76 所示。

一、单墙面装修		
序号	构件名称/构件位置	工程量计算式
1	NQMZX-1	踢脚抹灰面积 = 0.63 m²
		踢脚块料面积 = 0.63 m²
		墙裙抹灰面积 = 6.03 m²
		墙裙块料面积 = 6.408 m²
		墙面抹灰面积 = 16.38 m²
		墙面块料面积 = 16.38 m²
1.1	NQMZX-1[29]/<1,B>,<2,B>	踢脚抹灰面积 = 0.63 m²
		踢脚块料面积 = 0.63 m²
		墙裙抹灰面积 = 6.03 m²
		墙裙块料面积 = 6.408 m²
		墙面抹灰面积 = 16.38 m²
		墙面块料面积 = 16.38 m²

图 2-76　软件计算结果(投标)

墙裙实际工程量 $= (6.03 - 0.63)\text{m}^2 = 5.4\text{m}^2$

3. 定额模式

(1)定义属性如图 2-77 所示。

图 2-77　定义属性(定额)

(2)软件画图如图 2-78 所示。

图 2-78　软件画图(定额)

(3)软件计算结果如图 2-79 所示。

一、单墙面装修		
序号	构件名称/构件位置	工程量计算式
1	NQMZX-1	踢脚抹灰长度 = 6.3 m
		墙裙抹灰面积 = 6.03 m²
		墙面抹灰面积 = 16.38 m²
1.1	NQMZX-1[29]/⟨1,B⟩, ⟨2,B⟩	踢脚抹灰长度 = 6.3 m²
		墙裙抹灰面积 = 6.03 m²
		墙面抹灰面积 = 16.38 m²

图 2-79　软件计算结果(定额)

墙裙实际工程量 $= (6.03 - 6.3 \times 0.1)\text{m}^2 = 5.4\text{m}^2$

4. 软件操作注意事项

(1)在操作时注意墙的尺寸大小和材质,墙面抹灰时是否有墙裙,墙裙的高度,是否有踢脚线,踢脚线的高度,楼层的高度。在输入墙裙的高度时要加上踢脚线的高度,否则会影响数据,但是计算所得数据并不是结果,用墙裙面积减去踢脚线面积才是最后结果。

(2)在画单墙面抹灰时,本题画在内墙上,要形成房间后在参与计算,否则计算不出结果。

(3)注意设计室外地坪标高,有时会对计算有影响。

(4)查看计算书时要看清楚是墙面抹灰面积还是墙面块料面积,二者是有些区别的。

(5)用窗户来代替铜丝网暖气罩,将其标高设在墙裙以下。

(二)鲁班软件算量

1. 清单模式

(1)定义属性

1）定义内墙面属性如图 2-80 所示。

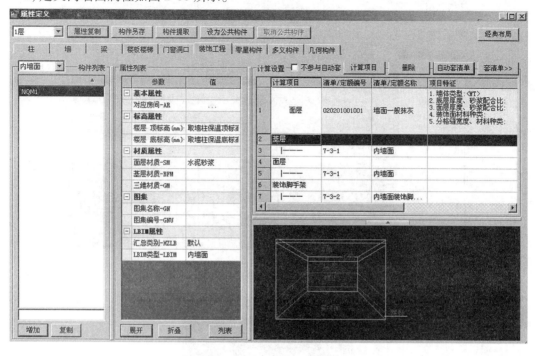

图 2-80 定义内墙面属性（清单）

2）定义墙裙属性如图 2-81 所示。

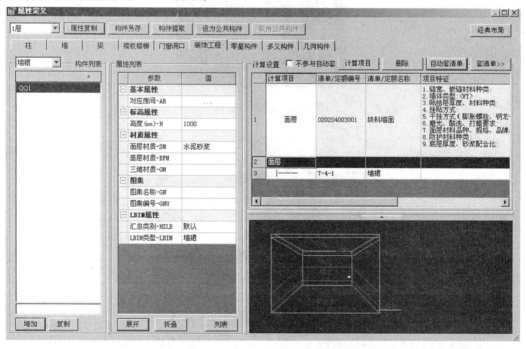

图 2-81 定义墙裙属性（清单）

3）定义踢脚线属性如图 2-82 所示。

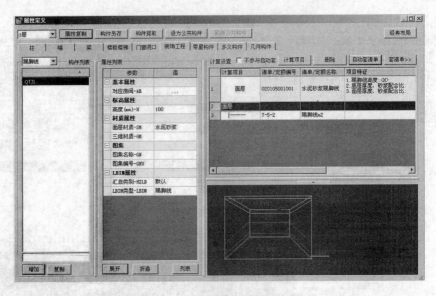

图 2-82　定义踢脚线属性(清单)

(2)软件画图如图 2-83 所示。

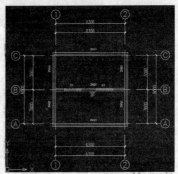

图 2-83　软件画图(清单)

(3)套清单

1)内墙面套清单如图 2-84 所示。

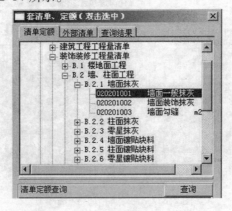

图 2-84　内墙面套清单(清单)

2)墙裙套清单如图 2-85 所示。

图 2-85　墙裙套清单(清单)

3)踢脚线套清单如图 2-86 所示。

图 2-86　踢脚线套清单(清单)

(4)软件计算结果如图 2-87 所示。

序号	项目编码	项目名称	计算式	计量单位	工程量	备注
			B.1 楼地面工程			
1	020105001001	水泥砂浆踢脚线 1.踢脚线高度:100 2.底层厚度、砂浆配合比: 3.面层厚度、砂浆配合比:		m²	0.63	
		1层		m²	0.63	
		QTJ1		m²	0.63	
		B/1-2	6.3[长度]×0.1[高度]	m²	0.63	
			B.2 墙、柱面工程			
2	020201001001	墙面一般抹灰 1.墙体类型:砖内墙 2.底层厚度、砂浆配合比: 3.面层厚度、砂浆配合比: 4.装饰面材料种类: 5.分格缝宽度、材料种类:		m²	17.01	
		1层		m²	17.01	
		NQM1		m²	17.01	
		B/1-2	6.3[长度]×3.7[高度]-1.8[窗]-4.5[墙裙]	m²	17.01	
3	020204003001	块料墙面 1.缝宽、嵌缝材料种类: 2.墙体类型:砖内墙 3.贴结层厚度、材料种类: 4.挂贴方式: 5.干挂方式(膨胀螺栓、钢龙骨): 6.磨光、酸洗、打蜡要求: 7.面层材料品种、规格、品牌、颜色: 8.防护材料种类: 9.底层厚度、砂浆配合比:		m²	4.50	
		1层		m²	4.50	
		QQ1		m²	4.50	
		B/1-2	6.3[长度]×1[高度]-1.8[窗]	m²	4.50	

图 2-87　软件计算结果(清单)

2. 定额模式

(1)定义属性

1)定义内墙面属性如图 2-88 所示。

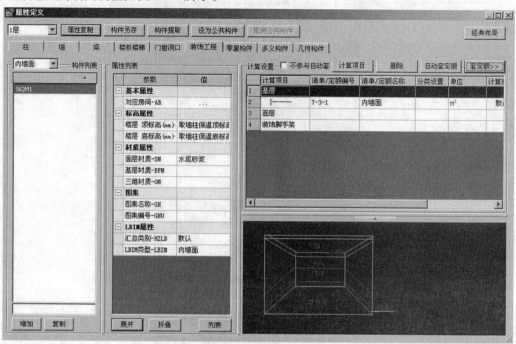

图 2-88　定义内墙面属性(定额)

2)定义墙裙属性如图 2-89 所示。

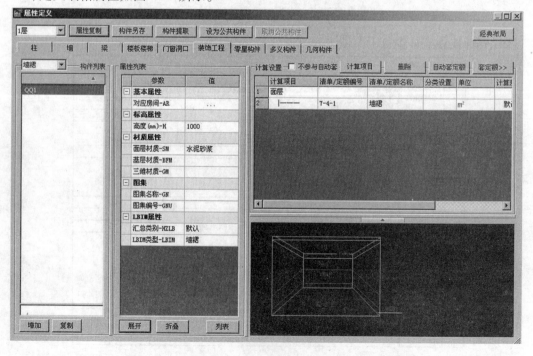

图 2-89　定义墙裙属性(定额)

3)定义踢脚线属性如图2-90所示。

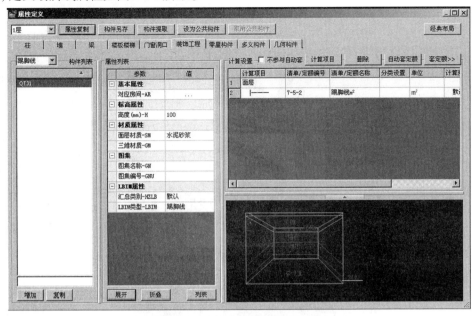

图 2-90 定义踢脚线属性(定额)

(2)软件画图如图2-91所示。

图 2-91 软件画图(定额)

(3)套定额

1)内墙面套定额如图2-92所示。

图 2-92 内墙面套定额(定额)

2)墙裙套定额如图 2-93 所示。

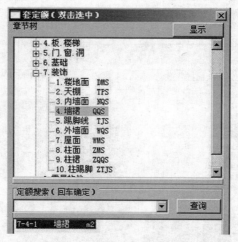

图 2-93　墙裙套定额(定额)

3)踢脚线套定额如图 2-94 所示。

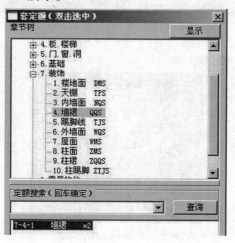

图 2-94　踢脚线套定额(定额)

(4)软件计算结果如图 2-95 所示。

序号	定额编号	项目名称	计算式	单位	工程量	备注
			7.装饰			
1	7-3-1	内墙面		m²	21.51	
		1层		m²	21.51	
		NQM1		m²	21.51	
		B/1-2	6.3[长度]×3.7[高度]-1.8[窗]	m²	21.51	
2	7-4-1	墙裙		m²	4.50	
		1层		m²	4.50	
		QQ1		m²	4.50	
		B/1-2	6.3[长度]×1[高度]-1.8[窗]	m²	4.50	
3	7-5-2	踢脚线m²		m²	0.63	
		1层		m²	0.63	
		QTJ1		m²	0.63	
		B/1-2	6.3[长度]×0.1[高度]	m²	0.63	

图 2-95　软件计算结果(定额)

内墙面工程量 $= (21.5.1 - 4.5) \text{m}^2 = 17.01 \text{m}^2$

3. 软件操作注意事项

(1)在操作软件时要注意楼层的高度和设计室外地坪标高是否正确,注意门窗距离地面的高度,墙面抹灰的高度,看是否有踢脚线和墙裙,要注意墙裙和踢脚线的高度。

(2)注意楼层的高度取的是总标高减去室外地坪标高的绝对值,输入时容易输错。

(3)我们在查看结果时选择计算书,可以更加清晰明白看出计算步骤与过程。

(4)绘制外墙时注意不要让墙体中线在轴线上,要向外偏移120mm。

三、手工算量与软件算量对比与分析

(一)手工与软件计算差值对比

手工与软件计算差值对比见表2-7。

表 2-7　手工与软件计算差值对比

工程名称	类别 清单/定额	手工数值	广联达招标	广联达投标	广联达定额	鲁班清单	鲁班定额
1 墙面贴壁纸的工程量	清单	16.38	16.38	16.38		17.01	
	定额	16.38			16.38		17.01
	差值		0	0	0	0.63	0.63
2 贴柚木板墙裙的工程量	清单	4.5	5.4	5.4		4.5	
	定额	4.5			5.4		4.5
	差值		0.9	0.9	0.9	0	0
3 踢脚线工程量	清单	0.63	0.63	0.63		0.63	
	定额	0.63			6.3		0.63
	差值		0	0	5.67	0	0

(二)手工与软件计算差值分析

(1)在计算贴柚木板墙裙的工程量时,因为软件不能绘制铜丝网暖气罩,用窗户代替所以不精确。

(2)在计算踢脚线工程量时,广联达软件定额计算中使用的是以米为单位的长度来计量,而手工计算和鲁班软件在计算时是以平方米为单位的面积来度量的,计算规则不同数值相差甚远。

(3)鲁班软件在计算内墙面时没有减去踢脚线的面积。

第四节　幕墙工程

【例4】　某银行营业大楼设计为铝合金全玻璃幕墙,幕墙上带铝合金窗。如图2-96所示为该幕墙立面简图,试求其工程量。

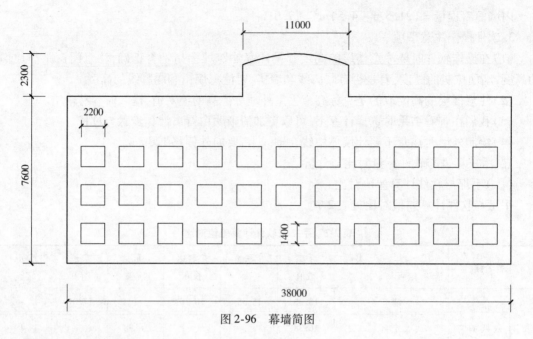

图 2-96　幕墙简图

【解】　一、手工算量

幕墙工程量:$\left[(38\times7.6+11\times2.3)-2.2\times1.4\times32\right]m^2$

$=(314.1-98.56)m^2$

$=215.54m^2$

【注释】　38 为幕墙长,7.6 为墙高。11 为上部宽,2.3 为上部高。2.2 为窗宽,1.4 为窗高。32 为窗户的个数。

套用消耗量定额 12 - 215,12 - 216。

二、软件算量

(一)广联达软件算量

1.清单模式下的招标

(1)定义属性

一、二、三层单墙面定义属性相同,在此以首层为例,如图 2-97 所示。不再一一赘述。

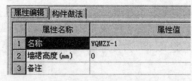

图 2-97　定义首层单墙面属性(招标)

(2)软件画图

1)一、二、三层平面图类似,在此以第一层为例,如图 2-98 所示,不再一一赘述。

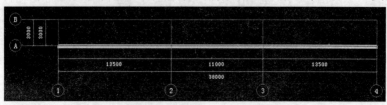

图 2-98　一层平面图(招标)

2)四层平面图如图 2-99 所示。

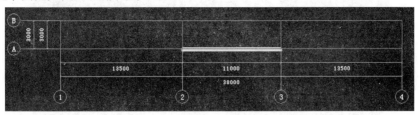

图 2-99 四层平面图(招标)

(3)软件计算结果如图 2-100 所示。

一、单墙面装修

序号	构件名称/构件位置	工程量计算式
1	WQMZX-1	墙面抹灰面积 = 64.2 m²
1.1	WQMZX-1[66]/〈1, A-120〉,〈4, A-120〉	墙面抹灰面积 = 64.2 m²

a)

一、单墙面装修

序号	构件名称/构件位置	工程量计算式
1	WQMZX-1	墙面抹灰面积 = 61.12 m²
1.1	WQMZX-1[69]/〈1, A-120〉,〈4, A-120〉	墙面抹灰面积 = 61.12 m²

b)

一、单墙面装修

序号	构件名称/构件位置	工程量计算式
1	WQMZX-1	墙面抹灰面积 = 64.92 m²
1.1	WQMZX-1[71]/〈1, A-120〉,〈4, A-120〉	墙面抹灰面积 = 64.92 m²

c)

一、单墙面装修

序号	构件名称/构件位置	工程量计算式
1	WQMZX-1	墙面抹灰面积 = 25.3 m²
1.1	WQMZX-1[65]/〈2, A-120〉,〈3, A-120〉	墙面抹灰面积 = 25.3 m²

d)

图 2-100 软件计算结果(招标)

a)首层 b)二层 c)三层 d)四层

总工程量 = $(61.12 + 64.2 + 64.92 + 25.3)$m² = 215.54m²

2.清单模式下的投标

(1)定义属性

一、二、三层单墙面定义属性相同,在此以首层为例,如图 2-101 所示。不再一一赘述。

	属性名称	属性值
1	名称	WQMZX-1
2	墙裙高度(mm)	0
3	备注	

图 2-101 定义首层属性(投标)

(2)软件画图如图 2-102 所示。

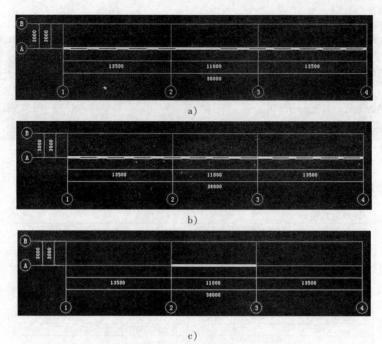

图 2-102　软件画图(投标)

a)一层平面图　b)二层平面图(同三层平面图仅层高不同)　c)四层平面图

(3)软件计算结果如图 2-103 所示。

一、单墙面装修

序号	构件名称/构件位置	工程量计算式
1	WQMZX-1	墙面抹灰面积 = 64.2 m²
1.1	WQMZX-1[66]/〈1, A-120〉,〈4, A-120〉	墙面抹灰面积 = 64.2 m²

a)

一、单墙面装修

序号	构件名称/构件位置	工程量计算式
1	WQMZX-1	墙面抹灰面积 = 61.12 m²
1.1	WQMZX-1[69]/〈1, A-120〉,〈4, A-120〉	墙面抹灰面积 = 61.12 m²

b)

一、单墙面装修

序号	构件名称/构件位置	工程量计算式
1	WQMZX-1	墙面抹灰面积 = 64.92 m²
1.1	WQMZX-1[71]/〈1, A-120〉,〈4, A-120〉	墙面抹灰面积 = 64.92 m²

c)

一、单墙面装修

序号	构件名称/构件位置	工程量计算式
1	WQMZX-1	墙面抹灰面积 = 25.3 m²
1.1	WQMZX-1[65]/〈2, A-120〉,〈3, A-120〉	墙面抹灰面积 = 25.3 m²

d)

图 2-103　软件计算结果(投标)

a)首层　b)二层　c)三层　d)四层

总工程量 = (61.12 + 64.2 + 64.92 + 25.3) m² = 215.54 m²

3.定额模式

(1)定义属性

一、二、三层单墙面定义属性相同,在此以首层为例,如图 2-104 所示。不再一一赘述。

图 2-104　定义首层属性(定额)

(2)软件画图

三层单墙面立体图如图 2-105 所示。

图 2-105　三层单墙面立体图(定额)

(3)软件计算结果如图 2-106 所示。

一、	单墙面装修	
序号	构件名称/构件位置	工程量计算式
1	WQMZX-1	墙面抹灰面积 = 64.2 m2
1.1	WQMZX-1[66]/〈1,A-120〉,〈4,A-120〉	墙面抹灰面积 = 64.2m2

a)

一、	单墙面装修	
序号	构件名称/构件位置	工程量计算式
1	WQMZX-1	墙面抹灰面积 = 61.12 m2
1.1	WQMZX-1[69]/〈1,A-120〉,〈4,A-120〉	墙面抹灰面积 = 61.12m2

b)

一、	单墙面装修	
序号	构件名称/构件位置	工程量计算式
1	WQMZX-1	墙面抹灰面积 = 64.92 m2
1.1	WQMZX-1[71]/〈1,A-120〉,〈4,A-120〉	墙面抹灰面积 = 64.92m2

c)

一、	单墙面装修	
序号	构件名称/构件位置	工程量计算式
1	WQMZX-1	墙面抹灰面积 = 25.3 m2
1.1	WQMZX-1[65]/〈2,A-120〉,〈3,A-120〉	墙面抹灰面积 = 25.3m2

d)

图 2-106　软件计算结果(定额)

a)首层　b)二层　c)三层　d)四层

总工程量 $= (61.12 + 64.2 + 64.92 + 25.3)\,\mathrm{m}^2 = 215.54\mathrm{m}^2$

4.软件操作注意事项

(1)在操作时注意墙的尺寸大小和材质,墙面抹灰时是否有墙裙,墙裙的高度,是否有踢脚线,踢脚线的高度,楼层的高度。

(2)本题有四层,可以先绘制好一层后,其余楼层可以采用楼层复制命令,方便快捷。另外,只绘制一面外墙即可,其余墙面不影响计算结果。

(3)注意设计室外地坪标高,有时会对计算有影响。

(4)查看计算书时要看清楚是墙面抹灰面积还是墙面块料面积,二者是有些区别的。

(二)鲁班软件算量

1.清单模式

(1)定义属性

一、二、三层单墙面定义属性相同,在此以首层为例,如图 2-107 所示。不再一一赘述。

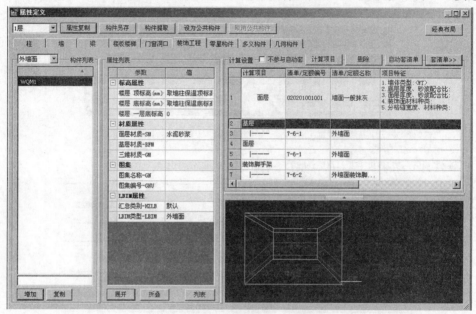

图 2-107　定义首层属性(清单)

(2)软件画图如图 2-108 所示。

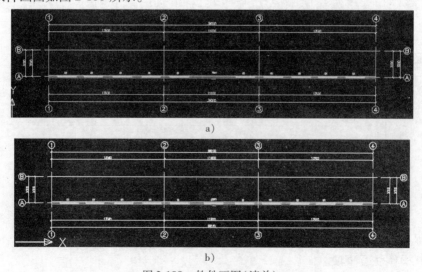

图 2-108　软件画图(清单)

a)一层平面图　b)二层平面图(同三层平面图仅层高不同)

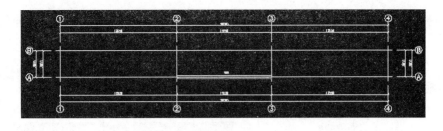

图 2-108 软件画图(清单)(续)

c)四层平面图

(3)套清单

一、二、三层外墙面套清单相同,在此以首层为例,如图 2-109 所示。不再一一赘述。

图 2-109 首层清单(清单)

(4)软件计算结果如图 2-110 所示。

序号	项目编码	项目名称	计算式	计量单位	工程量	备注
		B.2 墙、柱面工程				
1	020201001001	墙面一般抹灰 1. 墙体类型:混凝土外墙 2. 底层厚度、砂浆配合比: 3. 面层厚度、砂浆配合比: 4. 装饰面材料种类: 5. 分格缝宽度、材料种类:		m²	215.55	
		1层		m²	64.20	
		WQM1		m²	64.20	
		A/1-4	38[长度]×2.5[高度]-30.799[窗]	m²	64.20	
		2层		m²	61.12	
		WQM1		m²	61.12	
		A/1-4	38[长度]×2.5[高度]-33.879[窗]	m²	61.12	
		3层		m²	64.92	
		WQM1		m²	64.92	
		A/1-4	38[长度]×2.6[高度]-33.879[窗]	m²	64.92	
		4层		m²	25.30	
		WQM1		m²	25.30	
		A/2-3	11[长度]×2.3[高度]	m²	25.30	

图 2-110 软件计算结果(清单)

2. 定额模式

(1)定义属性

一、二、三层单墙面定义属性相同,在此以首层为例,如图 2-111 所示。不再一一赘述。

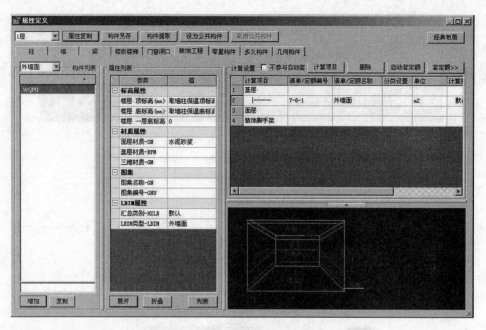

图 2-111　定义首层属性（定额）

（2）软件画图

四层单墙面三维立体图如图 2-112 所示。

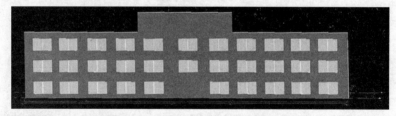

图 2-112　四层单墙面三维立体图（定额）

（3）套定额

一、二、三层外墙面套定额相同，在此以首层为例，如图 2-113 所示。不再一一赘述。

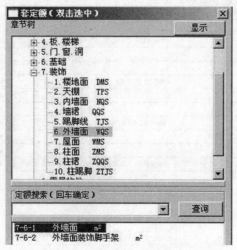

图 2-113　首层外墙面套定额（定额）

（4）软件计算结果如图 2-114 所示。

序号	定额编号	项目名称	计算式	单位	工程量	备注
			7.装饰			
1	7-6-1	外墙面		m²	215.55	
		1层		m²	64.20	
		WQM1		m²	64.20	
		A/1-4	38[长度]×2.5[高度]-30.799[窗]	m²	64.20	
		2层		m²	61.12	
		WQM1		m²	61.12	
		A/1-4	38[长度]×2.5[高度]-33.879[窗]	m²	61.12	
		3层		m²	64.92	
		WQM1		m²	64.92	
		A/1-4	38[长度]×2.6[高度]-33.879[窗]	m²	64.92	
		4层		m²	25.30	
		WQM1		m²	25.30	
		A/2-3	11[长度]×2.3[高度]	m²	25.30	

图 2-114 软件计算结果（定额）

3.软件操作注意事项

（1）在操作软件时要注意楼层的高度和设计室外地坪标高是否正确，注意门窗距离地面的高度，墙面抹灰的高度，看是否有踢脚线和墙裙，要注意墙裙和踢脚线的高度。

（2）查看计算书时要看清楚是墙面抹灰面积还是墙面块料面积，二者是有些区别的。

（3）注意楼层的高度取的是总标高减去室外地坪标高的绝对值，输入时容易输错。

（4）注意再套清单或者定额时，在附件尺寸一栏选择门、窗、洞侧壁粉刷宽度，输入侧壁尺寸，该数值会影响计算结果。本题输入 0mm。

（5）我们在查看结果时选择计算书，可以更加清晰明白看出计算步骤与过程。

（6）本题有四层，可以绘制完一层后，其余的可以采用楼层复制命令，简便画图。

三、手工算量与软件算量对比与分析

（一）手工与软件计算差值对比

手工与软件计算差值对比见表 2-8。

表 2-8 手工与软件计算差值对比

工程名称	类别 清单/定额	手工数值	广联达招标	广联达投标	广联达定额	鲁班清单	鲁班定额
幕墙工程量	清单	215.54	215.54	215.54		215.55	
	定额	215.54			215.54		215.55
	差值		0	0	0	0.001	0.001

（二）手工与软件计算差值分析

鲁班软件计算有些小误差可能是在计算时保留小数位数不同造成的。

第五节 隔断

【例 4】 如图 2-115 所示，求卫生间木隔断工程量。

【解】 一、手工算量

(1)清单工程量

$(1.0 \times 4 + 1.2 \times 4) \times 1.5 \text{m}^2 = 13.20 \text{m}^2$

【注释】 浴厕木隔断按下横档底面至上横档顶面高度乘以图示长度计算,用平方米表示,门窗面积并入隔断面积以内。小括号内为侧面与门长度,1.5 为高度。

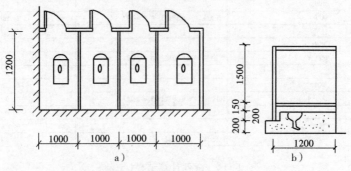

图 2-115　卫生间木隔断

a)卫生间木隔断示意图　b)卫生间木隔断示意图

清单工程量计算见表 2-9。

表 2-9　清单工程量计算表

项目编码	项目名称	项目特征描述	计量单位	工程量
011210001001	木隔断	木隔断	m²	13.20

(2)定额工程量(计算方法同清单工程量)

套用消耗量定额 12 - 233。

二、软件算量

(一)广联达软件算量

1. 清单模式下的招标

(1)定义属性如图 2-116 所示。

属性编辑	构件做法
属性名称	属性值
1 名称	NQMZX-1
2 墙裙高度(mm)	1500
3 踢脚高度(mm)	0
4 备注	

图 2-116　定义属性(招标)

(2)软件画图如图 2-117 所示。

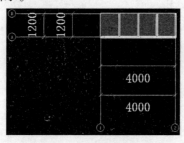

图 2-117　软件画图(招标)

（3）软件计算结果如图 2-118 所示。

一、单墙面装修		
序号	构件名称/构件位置	工程量计算式
1	NQMZX-1	墙裙抹灰面积 = 13.26 m²
1.1	NQMZX-1[16]/〈1, A-20〉, 〈1+1000, A-20〉	墙裙抹灰面积 = 1.53 m²
1.2	NQMZX-1[18]/〈1+1000, B〉, 〈1+1000, A〉	墙裙抹灰面积 = 1.8 m²
1.3	NQMZX-1[19]/〈1+2000, A〉, 〈1+2000, B〉	墙裙抹灰面积 = 1.8 m²
1.4	NQMZX-1[20]/〈2-1000, A〉, 〈2-1000, B〉	墙裙抹灰面积 = 1.8 m²
1.5	NQMZX-1[21]/〈2, A〉, 〈2, B〉	墙裙抹灰面积 = 1.8 m²
1.6	NQMZX-1[23]/〈2-1000, A-20〉, 〈2, A-20〉	墙裙抹灰面积 = 1.53 m²
1.7	NQMZX-1[25]/〈1+2000, A-20〉, 〈2-1000, A-20〉	墙裙抹灰面积 = 1.5 m²
1.8	NQMZX-1[27]/〈1+1000, A-20〉, 〈1+2000, A-20〉	墙裙抹灰面积 = 1.5 m²

图 2-118　软件计算结果（招标）

2. 清单模式下的投标

（1）定义属性如图 2-119 所示。

	属性编辑 ‖ 构件做法	
	属性名称	属性值
1	名称	NQMZX-1
2	墙裙高度(mm)	1500
3	踢脚高度(mm)	0
4	备注	

图 2-119　定义属性（投标）

（2）软件画图如图 2-120 所示。

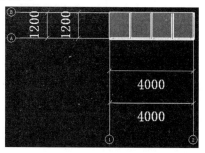

图 2-120　软件画图（投标）

（3）软件计算结果如图 2-121 所示。

一、单墙面装修		
序号	构件名称/构件位置	工程量计算式
1	NQMZX-1	墙裙抹灰面积 = 13.26 m²
1.1	NQMZX-1[16]/〈1, A-20〉, 〈1+1000, A-20〉	墙裙抹灰面积 = 1.53 m²
1.2	NQMZX-1[18]/〈1+1000, B〉, 〈1+1000, A〉	墙裙抹灰面积 = 1.8 m²
1.3	NQMZX-1[19]/〈1+2000, A〉, 〈1+2000, B〉	墙裙抹灰面积 = 1.8 m²
1.4	NQMZX-1[20]/〈2-1000, A〉, 〈2-1000, B〉	墙裙抹灰面积 = 1.8 m²
1.5	NQMZX-1[21]/〈2, A〉, 〈2, B〉	墙裙抹灰面积 = 1.8 m²
1.6	NQMZX-1[23]/〈2-1000, A-20〉, 〈2, A-20〉	墙裙抹灰面积 = 1.53 m²
1.7	NQMZX-1[25]/〈1+2000, A-20〉, 〈2-1000, A-20〉	墙裙抹灰面积 = 1.5 m²
1.8	NQMZX-1[27]/〈1+1000, A-20〉, 〈1+2000, A-20〉	墙裙抹灰面积 = 1.5 m²

图 2-121　软件计算结果（投标）

3. 定额模式

(1)定义属性如图 2-122 所示。

属性编辑	构件做法
属性名称	属性值
1 名称	NQMZX-1
2 墙裙高度(mm)	1500
3 踢脚高度(mm)	0
4 备注	

图 2-122   定义属性(定额)

(2)软件画图如图 2-123 所示。

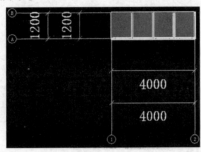

图 2-123   软件画图(定额)

(3)软件计算结果如图 2-124 所示。

一、单墙面装修		
序号	构件名称/构件位置	工程量计算式
1	NQMZX-1	墙裙抹灰面积 = 13.26 m²
1.1	NQMZX-1[16]/⟨1, A-20⟩, ⟨1+1000, A-20⟩	墙裙抹灰面积 = 1.53 m²
1.2	NQMZX-1[18]/⟨1+1000, B⟩, ⟨1+1000, A⟩	墙裙抹灰面积 = 1.8 m²
1.3	NQMZX-1[19]/⟨1+2000, A⟩, ⟨1+2000, B⟩	墙裙抹灰面积 = 1.8 m²
1.4	NQMZX-1[20]/⟨2-1000, A⟩, ⟨2-1000, B⟩	墙裙抹灰面积 = 1.8 m²
1.5	NQMZX-1[21]/⟨2, A⟩, ⟨2, B⟩	墙裙抹灰面积 = 1.8 m²
1.6	NQMZX-1[23]/⟨2-1000, A-20⟩, ⟨2, A-20⟩	墙裙抹灰面积 = 1.53 m²
1.7	NQMZX-1[25]/⟨1+2000, A-20⟩, ⟨2-1000, A-20⟩	墙裙抹灰面积 = 1.5 m²
1.8	NQMZX-1[27]/⟨1+1000, A-20⟩, ⟨1+2000, A-20⟩	墙裙抹灰面积 = 1.5 m²

图 2-124   软件计算结果(定额)

4. 软件操作注意事项

(1)在操作时注意墙的尺寸大小和材质,墙面抹灰时是否有墙裙,墙裙的高度,是否有踢脚线,踢脚线的高度,楼层的高度。

(2)在画单墙面抹灰时,本题画在内墙上,要形成房间后在参与计算,否则计算不出结果。

(3)注意设计室外地坪标高,有时会对计算有影响。

(4)查看计算书时要看清楚是墙面抹灰面积还是墙面块料面积,二者是有些区别的。

(二)鲁班软件算量

1. 清单模式

(1)定义属性如图 2-125 所示。

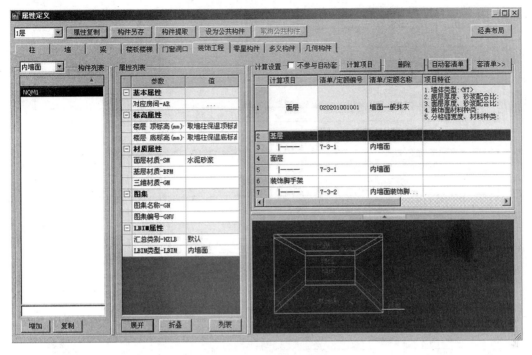

图 2-125　定义属性(清单)

(2)软件画图如图 2-126 所示。

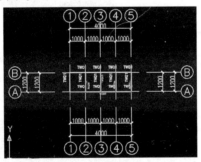

图 2-126　软件画图(清单)

(3)套清单如图 2-127 所示。

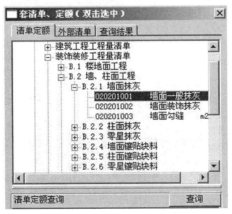

图 2-127　套清单(清单)

（4）软件计算结果如图 2-128 所示。

序号	项目编码	项目名称	计算式	计量单位	工程量	备注
			B.2 墙、柱面工程			
1	020201001001	墙面一般抹灰 1. 墙体类型:混凝土内墙 2. 底层厚度、砂浆配合比: 3. 面层厚度、砂浆配合比: 4. 装饰面材料种类: 5. 分格缝宽度、材料种类:		m²	5.40	
		1层		m²	5.40	
		NQM1		m²	5.40	
		2/A-B	1.2[长度]×1.5[高度]	m²	5.40	1.80×3件
2	020201001001	墙面一般抹灰 1. 墙体类型:混凝土外墙 2. 底层厚度、砂浆配合比: 3. 面层厚度、砂浆配合比: 4. 装饰面材料种类: 5. 分格缝宽度、材料种类:		m²	7.80	
		1层		m²	7.80	
		NQM1		m²	7.80	
		5/A-B	1.2[长度]×1.5[高度]	m²	1.80	
		A/1-5	4[长度]×1.5[高度]	m²	6.00	

图 2-128　软件计算结果（清单）

2. 定额模式

（1）定义属性如图 2-129 所示。

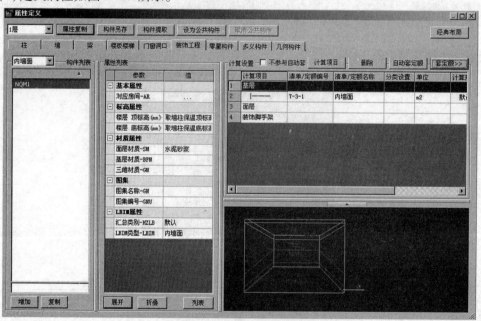

图 2-129　定义属性（定额）

（2）软件画图如图 2-130 所示。

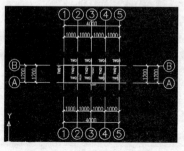

图 2-130　软件画图（定额）

（3）套定额如图 2-131 所示。

图 2-131　套定额（定额）

（4）软件计算结果如图 2-132 所示。

序号	定额编号	项目名称	计算式	单位	工程量	备注
			7.装饰			
1	7-3-1	内墙面		m²	13.20	
		1层		m²	13.20	
		NQM1		m²	13.20	
		2/A-B	1.2[长度]×1.5[高度]	m²	7.20	1.80×4件
		A/1-5	4[长度]×1.5[高度]	m²	6.00	

图 2-132　软件计算结果（定额）

3. 软件操作注意事项

（1）在操作软件时要注意楼层的高度和设计室外地坪标高是否正确，注意门窗距离地面的高度，墙面抹灰的高度，看是否有踢脚线和墙裙，要注意墙裙和踢脚线的高度。

（2）查看计算书时要看清楚是墙面抹灰面积还是墙面块料面积，二者是有些区别的。

（3）注意楼层的高度取的是总标高减去室外地坪标高的绝对值，输入时容易输错。

（4）注意绘制墙体时墙体与轴线的位置关系，也可以在墙面装饰绘制好后修改墙面装饰的长度。

（5）我们在查看结果时选择计算书，可以更加清晰明白看出计算步骤与过程。

三、手工算量与软件算量对比与分析

（一）手工与软件计算差值对比

手工与软件计算差值对比见表 2-10。

表 2-10　手工与软件计算差值对比

工程名称	类别 清单/定额	手工数值	广联达招标	广联达投标	广联达定额	鲁班清单	鲁班定额
卫生间木隔断工程量	清单	13.2	13.26	13.26		13.2	
	定额	13.2			13.26		13.2
	差值		0.06	0.06	0.06	0	0

（二）手工与软件计算差值分析

广联达软件在计算水平向墙体装饰时，用的是外墙外边线，手工计算用的是内墙净长线。

第三章　天棚工程

第一节　天棚抹灰

【例1】　试求如图 3-1 所示黑板抹灰水泥砂浆工程量(做法:黑板做 1:3 水泥砂浆 $\delta =14mm$,做 1:2.5 水泥砂浆抹面 $\delta =6mm$)。

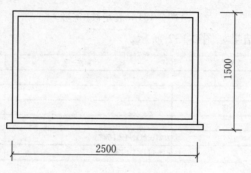

图 3-1　黑板示意图

【解】　一、手工算量

(一)定额工程量

定额工程量同清单工程量。

工程量 $= 3.75m^2$

【注释】　2.5 为黑板长,1.5 为黑板高。

水泥砂浆、零星项目套用消耗量定额 12 - 29。

(二)清单工程量

工程量 $= 2.5 \times 1.5m^2 = 3.75m^2$

清单工程量计算见表 3-1。

表 3-1　清单工程量计算

项目编码	项目名称	项目特征描述	计量单位	工程量
011203001001	零星项目一般抹灰	底层 14mm 厚,1:3 水泥砂浆,面层 6mm 厚,1:2.5 水泥砂浆	m^2	3.75

二、软件算量

(一)广联达软件算量

1.清单模式下的招标

(1)本题需要定义墙体、单墙面装修(楼层高度 1500mm,地坪高度为 0)。

1)定义墙体属性如图 3-2 所示。

图 3-2　定义墙体属性(招标)

2)定义单墙面装修如图 3-3 所示。

图 3-3　定义单墙面装修(招标)

(2)软件画图如图 3-4 所示。

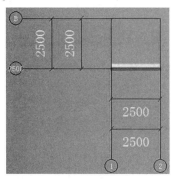

图 3-4　软件画图(招标)

(3)软件计算结果如图 3-5 所示。

一、墙		
二、单墙面装修		
序号	构件名称/构件位置	工程量计算式
1	NQMZX-1	墙面抹灰面积 = 3.75 m²
		墙面块料面积 = 3.75 m²
1.1	NQMZX-1[9]/<2,2500><1,2500>	墙面抹灰面积 = 3.75 m²
		墙面块料面积 = 3.75 m²

图 3-5　软件计算结果(招标)

2. 清单模式下的投标

(1)本题需要定义墙体、单墙面装修(楼层高度 1500mm,地坪高度为 0)。

1)定义墙体属性如图 3-6 所示。

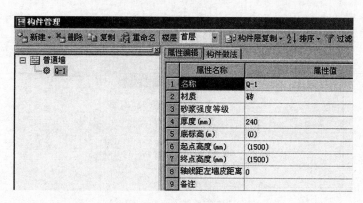

图 3-6　定义墙体属性(投标)

2)定义单墙面装修如图 3-7 所示。

图 3-7　定义单墙面装修(投标)

(2)软件画图如图 3-8 所示。

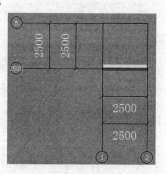

图 3-8　软件画图(投标)

(3)软件计算结果如图 3-9 所示。

一、墙		
二、单墙面装修		
序号	构件名称/构件位置	工程量计算式
1	NQMZX-1	墙面抹灰面积 = 3.75 m²
		墙面块料面积 = 3.75 m²
1.1	NQMZX-1[9]/〈2,2500〉,〈1,2500〉	墙面抹灰面积 = 3.75 m²
		墙面块料面积 = 3.75 m²

图 3-9　软件计算结果(投标)

3.定额模式

(1)本题需要定义墙体、单墙面装修(楼层高度 1500mm,地坪高度为 0)

1)定义墙体属性如图 3-10 所示。

图 3-10　定义墙体属性(定额)

2)定义单墙面装修如图 3-11 所示。

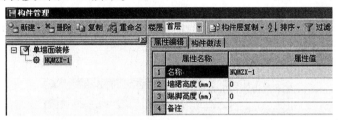

图 3-11　定义单墙面装修(定额)

(2)软件画图如图 3-12 所示。

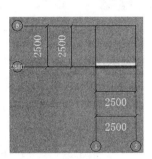

图 3-12　软件画图(定额)

(3)软件计算结果如图 3-13 所示。

一、墙		
二、单墙面装修		
序号	构件名称/构件位置	工程量计算式
1	NQMZX-1	墙面抹灰面积 = 3.75 m²
		墙面块料面积 = 3.75 m²
1.1	NQMZX-1[9]/<2,2500>,<1,2500>	墙面抹灰面积 = 3.75 m²
		墙面块料面积 = 3.75 m²
三、楼层工程量		

图 3-13　软件计算结果(定额)

本题要求黑板抹灰水泥砂浆,在这里用一面墙来代替。然后对该墙进行单墙面装修。

(二)鲁班软件算量

1.清单模式

(1)本题需要定义墙体、内墙面属性。

1)定义墙体属性如图 3-14 所示。

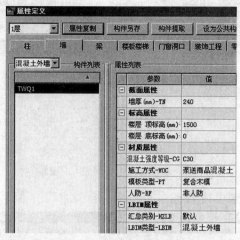

图 3-14　定义墙体属性(清单)

2)定义外墙面属性如图 3-15 所示。

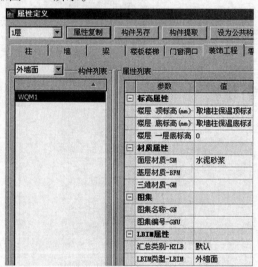

图 3-15　定义外墙面属性(清单)

(2)软件画图如图 3-16 所示。

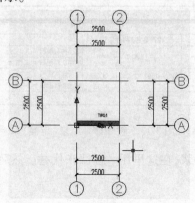

图 3-16　软件画图(清单)

（3）套清单如图 3-17 所示。

a)

b)

图 3-17 套清单（清单）

a）面层 b）实体

（4）软件计算结果如图 3-18 所示。

1	020201001001	墙面一般抹灰 1. 墙体类型：混凝土外墙 2. 底层厚度、砂浆配合比： 3. 面层厚度、砂浆配合比： 4. 装饰面材料种类： 5. 分格缝宽度、材料种类：		m²	3.75
		1层		m²	3.75
		WQM1		m²	3.75
		A/1-2	2.5[长度]×1.5[高度]	m²	3.75

图 3-18 软件计算结果（清单）

2. 定额模式

（1）本题需要定义墙体、内墙面属性。

1）定义墙体属性如图 3-19 所示。

图 3-19 定义墙体属性（定额）

2）定义外墙面属性如图 3-20 所示。

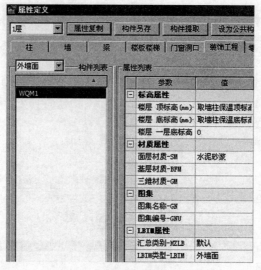

图 3-20　定义外墙面属性（定额）

（2）软件画图如图 3-21 所示。

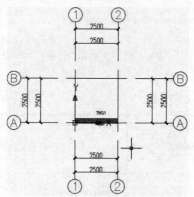

图 3-21　软件画图（定额）

（3）套定额如图 3-22 所示。

	计算项目	清单/定额编号	清单/定额名称	分类设置	单位	计算规则	附件尺寸	
1	基层							
2	|——	7-6-1	外墙面		m²	默认	附件尺寸	
3	面层							
4	装饰脚手架							

a)

	计算项目	清单/定额编号	清单/定额名称	分类设置	单位	计算规则	附件尺寸	
1	实体							
2	|——	1-1-1	混凝土外墙实体V〈CG〉		m³	默认	附件尺寸	
3	实体模板							
4	实体超高模板							
5	实体脚手架							
6	附墙							
7	压顶							

b)

图 3-22　套定额（定额）

a)外墙面　b)实体

（4）软件计算结果如图 3-23 所示。

1	7-6-1	外墙面		m²	3.75
		1层		m²	3.75
		WQM1		m²	3.75
		A/1-2	2.5[长度]×1.5[高度]	m²	3.75

图 3-23　软件计算结果（定额）

3. 软件操作注意事项

本题要求黑板抹灰水泥砂浆，在这里用一面墙来代替。然后对该墙进行外墙装饰，鲁班软件与广联达软件不同之处在于还需要定义外墙面属性，只有套用以后才能计算。

三、手工算量与软件算量对比与分析

（一）手工与软件计算差值对比

手工与软件计算差值对比见表 3-2。

表 3-2　手工与软件计算差值对比

工程名称	类别 清单/定额	手工 数值	广联达 招标	广联达 投标	广联达 定额	鲁班 清单	鲁班 定额
天棚抹灰工程量	清单	3.75m²	3.75m²	3.75m²		3.75m²	
	定额	3.75m²			3.75m²		3.75m²
	差值		0	0	0	0	0

（二）手工与软件计算差值分析

手工计算：$S = 长 \times 高$

广联达软件计算：$S = 长 \times 高$

鲁班软件计算：$S = 长 \times 高$

由于计算公式是一摸一样的，所以三者计算结果并无差别。

第二节　天棚吊顶

【例 2】　如图 3-24 所示，为小型住宅，为装配成 U 形轻钢天棚龙骨（不上人型），试求其天棚装饰工程量。

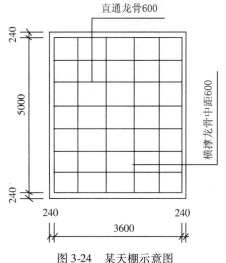

图 3-24　某天棚示意图

【解】　一、手工算量

(一)定额工程量

$3.6 \times 5m^2 = 18.00m^2$

套用消耗量定额 13 - 28。

【注释】　天棚装饰面积工程量按主墙间实钉面积以平方米计算,不扣除间壁墙、检查洞、附墙烟囱、垛和管道所占面积,3.6 为天棚装饰的宽度,5 为天棚装饰的长度。

(二)清单工程量

清单工程量计算同定额工程量。

清单工程量计算见表3-3。

表3-3　清单工程量计算

项目编码	项目名称	项目特征描述	计量单位	工程量
011302001001	吊顶天棚	U 形轻钢天棚龙骨(不上人型)	m²	18.00

二、软件算量

(一)广联达软件算量

1.清单模式下的招标

(1)定义吊顶、天棚属性如图 3-25 所示。

	属性名称	属性值
1	名称	FJ-1
2	墙裙高度(mm)	900
3	踢脚高度(mm)	150
4	吊顶高度(mm)	3000
5	块料厚度(mm)	0
6	备注	

图 3-25　定义吊顶、天棚属性(招标)

(2)软件画图如图 3-26 所示。

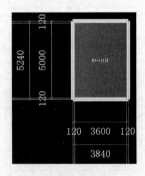

图 3-26　软件画图(招标)

(3)软件计算结果如图 3-27 所示。

地面积 = 18〈主墙间净面积〉= 18m²
块料地面积 = 18〈主墙间净面积〉= 18m²
天棚抹灰面积 = 18〈主墙间净面积〉= 18m²
踢脚抹灰面积 = 17.2〈内墙皮长度〉*0.15〈踢脚高度〉= 2.58m²

图 3-27　软件计算结果(招标)

2. 清单模式下的投标

(1)定义吊顶、天棚属性如图3-28所示。

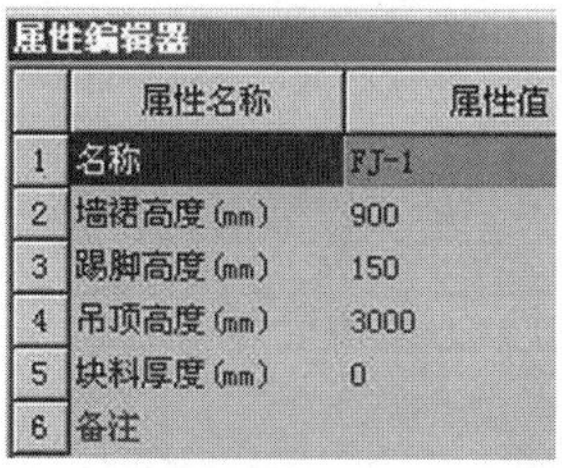

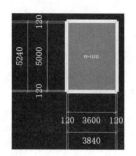

图3-28 定义吊顶、天棚属性(投标)

(2)软件画图如图3-29所示。

图3-29 软件画图(投标)

(3)软件计算结果如图3-30所示。

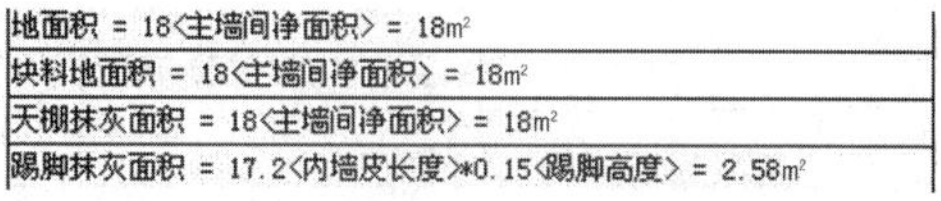

| 地面积 = 18〈主墙间净面积〉= 18m² |
| 块料地面积 = 18〈主墙间净面积〉= 18m² |
| 天棚抹灰面积 = 18〈主墙间净面积〉= 18m² |
| 踢脚抹灰面积 = 17.2〈内墙皮长度〉*0.15〈踢脚高度〉= 2.58m² |

图3-30 软件计算结果(投标)

3. 定额模式

(1)定义吊顶、天棚属性如图3-31所示。

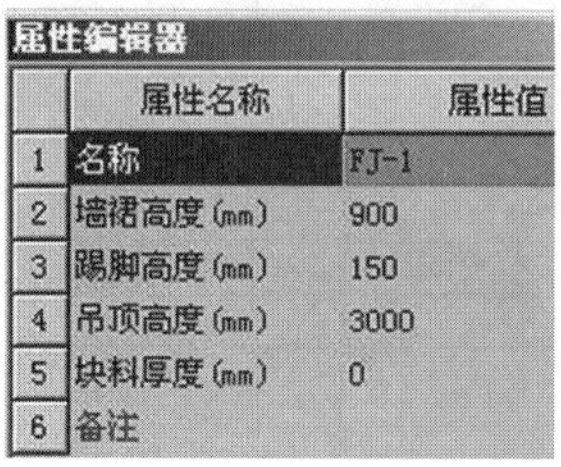

图3-31 定义吊顶、天棚属性(定额)

(2)软件画图如图3-32所示。

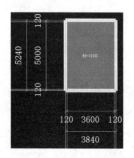

图3-32 软件画图(定额)

（3）软件计算结果如图 3-33 所示。

地面积 = 18<主墙间净面积> = 18m²
块料地面积 = 18<主墙间净面积> = 18m²
天棚抹灰面积 = 18<主墙间净面积> = 18m²
踢脚抹灰面积 = 17.2<内墙皮长度>*0.15<踢脚高度> = 2.58m²

图 3-33　软件计算结果（定额）

4. 软件操作注意事项

（1）在鲁班软件中一定要在属性设置中套清单和套定额，并且定额不能自动套，要手动选择。

（2）在套完清单和定额，一定要用私有属性选中要计算的部分，将计算设置随属性勾选去掉，出现清单和定额后点击确定按钮。

（二）鲁班软件算量

1. 清单模式

（1）定义吊顶属性如图 3-34 所示。

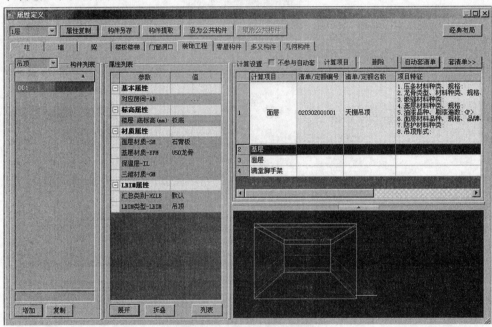

图 3-34　定义吊顶属性（清单）

（2）软件画图如图 3-35 所示。

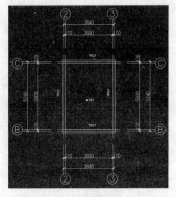

图 3-35　软件画图（清单）

（3）套清单如图 3-36 所示。

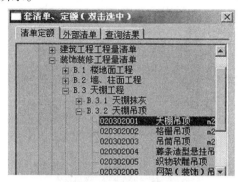

图 3-36　套清单（清单）

（4）软件计算结果如图 3-37 所示。

序号	项目编码	项目名称	计算式	计量单位	工程量	备注
			B.3 天棚工程			
1	020302001001	天棚吊顶 1.压条材料种类、规格： 2.龙骨类型、材料种类、规格、中距： 3.基层材料种类： 4.基层材料种类、规格： 5.油漆品种、刷漆遍数： 6.面层材料品种、规格、品牌、颜色： 7.防护材料种类： 8.吊顶形式：		m²	18.00	
		1层		m²	18.00	
		DD1		m²	18.00	
		2-3/B-C	3.6[长]×5[宽]	m²	18.00	

图 3-37　软件计算结果（清单）

2.定额模式

（1）定义吊顶属性如图 3-38 所示。

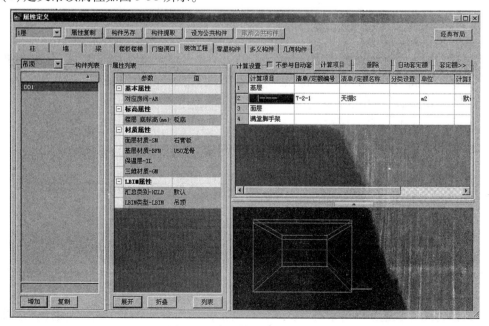

图 3-38　定义吊顶属性（定额）

(2)软件画图如图 3-39 所示。

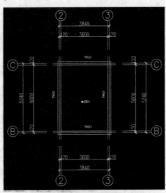

图 3-39　软件画图(定额)

(3)套定额如图 3-40 所示。

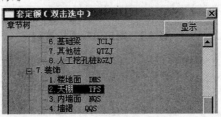

图 3-40　套定额(定额)

(4)软件计算结果如图 3-41 所示。

序号	定额编号	项目名称	计算式	单位	工程量	备注
			7. 装饰			
1	7-2-1	天棚S		m²	18.00	
		1层		m²	18.00	
		DD1		m²	18.00	
		2-3/B-C	3.6[长]×5[宽]	m²	18.00	

图 3-41　软件计算结果(定额)

3. 软件操作注意事项

在使用广联达软件画图时,轴线宽度要设置为两个一半墙宽(一倍墙宽),加上房间内的宽度来保证主墙间的净面积相等,因为吊顶天棚面积是按房间墙中线计算。

三、手工算量与软件算量对比与分析

(一)手工与软件计算差值对比

手工与软件计算差值对比见表 3-4。

表 3-4　手工与软件计算差值对比

工程名称	类别 清单/定额	手工数值	广联达招标	广联达投标	广联达定额	鲁班清单	鲁班定额
吊顶天棚	清单	18.00	18	18		18.00	
	定额	18.00			18		18.00
	差值		0	0	0	0	0

(二)手工与软件计算差值分析

鲁班软件和广联达软件由于与手算的计算结果保留的有效数字不同,导致计算结果产生误差。

第四章 油漆、涂料、裱糊工程

第一节 门油漆

【例1】 如图4-1所示，门为单层全玻门，计算工程量。

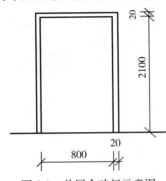

图4-1 单层全玻门示意图

【解】 一、手工算量

清单工程量 $= (2.1 + 0.02) \times (0.8 + 0.02 \times 2) \text{m}^2 = 1.78 \text{m}^2$

清单工程量计算见表4-1。

表4-1 清单工程量计算

项目编码	项目名称	项目特征描述	计量单位	工程量
011401001001	木门油漆	单层全玻门	m²	1.78

注：单层全玻门工程量按洞口面积计算，单层全玻门的折算系数为0.75。

二、软件算量

(一)广联达软件算量

1.清单模式下的招标

(1)定义门属性如图4-2所示。

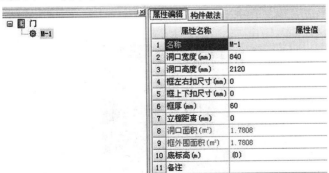

图4-2 定义门属性(招标)

(2)软件画图如图 4-3 所示。

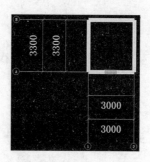

图 4-3　软件画图(招标)

(3)软件计算结果如图 4-4 所示。

一、门		
序号	构件名称/构件位置	工程量计算式
1	M-1	洞口面积 = 1.781 m²
		框外围面积 = 1.781 m²
		数量 = 1 樘
		洞口宽度 = 0.84 m
		洞口高度 = 2.12 m
1.1	M-1[13]/<1+1461, A>	洞口面积 = 1.781 m²
		框外围面积 = 1.781 m²
		数量 = 1 樘
		洞口宽度 = 0.84m
		洞口高度 = 2.12m

图 4-4　软件计算结果(招标)

2. 清单模式下的投标

(1)定义门属性如图 4-5 所示。

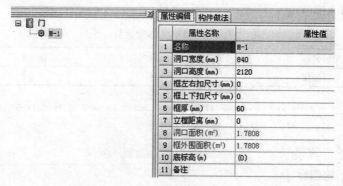

图 4-5　定义门属性(投标)

(2)软件画图如图 4-6 所示。

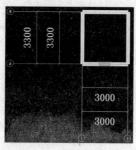

图 4-6　软件画图(投标)

（3）软件计算结果如图4-7所示。

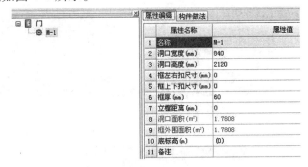

一、门		
序号	构件名称/构件位置	工程量计算式
1	M-1	洞口面积 = 1.781 m²
		框外围面积 = 1.781 m²
		数量 = 1 樘
		洞口宽度 = 0.84 m
		洞口高度 = 2.12 m
1.1	M-1[13]/<1+1461,A>	洞口面积 = 1.781 m²
		框外围面积 = 1.781 m²
		数量 = 1樘
		洞口宽度 = 0.84m
		洞口高度 = 2.12m

图4-7　软件计算结果（投标）

3.定额模式

（1）定义门属性如图4-8所示。

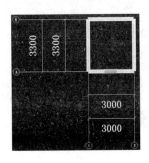

	属性名称	属性值
1	名称	M-1
2	洞口宽度 (mm)	840
3	洞口高度 (mm)	2120
4	框左右扣尺寸 (mm)	0
5	框上下扣尺寸 (mm)	0
6	框厚 (mm)	60
7	立樘距离 (mm)	0
8	洞口面积 (m²)	1.7808
9	框外围面积 (m²)	1.7808
10	底标高 (m)	(0)
11	备注	

图4-8　定义门属性（定额）

（2）软件画图如图4-9所示。

图4-9　软件画图（定额）

（3）软件计算结果如图4-10所示。

一、门		
序号	构件名称/构件位置	工程量计算式
1	M-1	洞口面积 = 1.781 m²
		框外围面积 = 1.781 m²
		数量 = 1 樘
		洞口宽度 = 0.84 m
		洞口高度 = 2.12 m
1.1	M-1[13]/<1+1461,A>	洞口面积 = 1.781 m²
		框外围面积 = 1.781 m²
		数量 = 1樘
		洞口宽度 = 0.84m
		洞口高度 = 2.12m

图4-10　软件计算结果（定额）

4. 软件操作注意事项

定义门属性,按照图纸要求输入门的宽度和高度,然后汇总计算。

(二)鲁班软件算量

1. 清单模式

(1)定义门属性如图 4-11 所示。

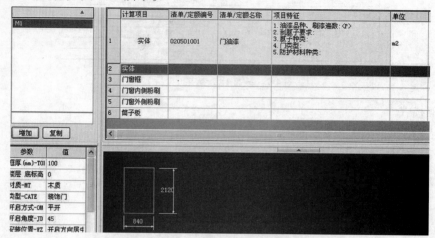

图 4-11　定义门属性(清单)

(2)软件画图如图 4-12 所示。

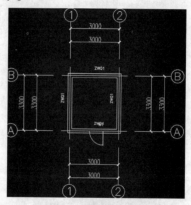

图 4-12　软件画图(清单)

(3)套清单如图 4-13 所示。

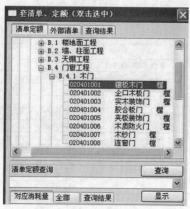

图 4-13　套清单(清单)

（4）软件计算结果如图4-14所示。

序号	定额编号	项目名称	计算式	单位	工程量	备注
			5.门.窗.洞			
1	5-1-1	门S[聚酯混漆]		m²	1.78	
		1层		m²	1.78	
		M1		m²	1.78	
		A/1-2	0.84[截面宽度]×2.12[截面高度]	m²	1.78	

（汇总表｜计算书｜面积表｜门窗表｜房间表｜构件表｜量指标｜实物量(云报表)）

图4-14　软件计算结果（清单）

2.定额模式

（1）定义门属性如图4-15所示。

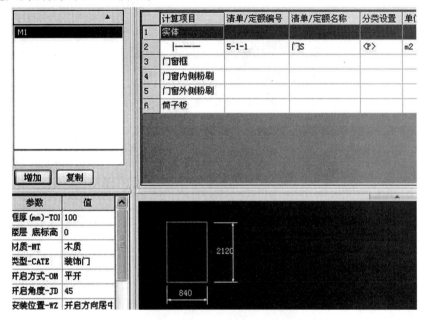

图4-15　定义门属性（定额）

（2）软件画图如图4-16所示。

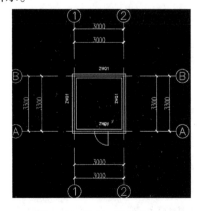

图4-16　软件画图（定额）

（3）套定额如图4-17所示。

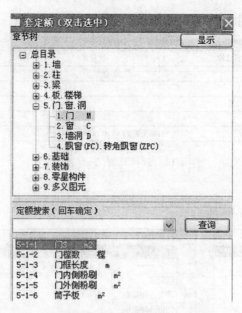

图 4-17　套定额(定额)

(4)软件计算结果如图 4-18 所示。

序号	定额编号	项目名称	计算式	单位	工程量	备注
			5.门.窗.洞			
1	5-1-1	门S[聚酯混漆]		m²	1.78	
		1层		m²	1.78	
		M1		m²	1.78	
		A/1-2	0.84[截面宽度]×2.12[截面高度]	m²	1.78	

汇总表　计算书　面积表　门窗表　房间表　构件表　量指标　实物量(云报表)

图 4-18　软件计算结果(定额)

3. 软件操作注意事项

三、手工算量与软件算量对比与分析

(一)手工与软件计算差值对比

手工与软件计算差值对比见表 4-2。

表 4-2　手工与软件计算差值对比

工程名称	清单/定额＼类别	手工数值	广联达招标	广联达投标	广联达定额	鲁班清单	鲁班定额
木门	清单	1.78	1.781	1.781		1.78	
	定额	1.78			1.781		1.78
	差值		0.001	0.001	0.01	0	0

(二)手工与软件计算差值分析

(1)通过手算与软件计算对比结果并没有差值。

(2)广联达软件中,软件默认计算结果保留三位小数,手算结果是保留两位小数,若广联达软件结果保留两位小数结果与手算一致。

第二节 木扶手及其他板条、线条、油漆

【例2】 求如图4-19所示,窗帘棍油漆的工程量。

图4-19 窗帘棍示意图

【解】 一、手工算量

(一)定额工程量

工程量 = 0.35 × 2m = 0.70m

注:套用定额时,窗帘棍工程量按延长米计算,单独木线条100mm以内,取其系数为0.35,利用清单计算时,其工程量按设计图示尺寸以长度计算。

套用全国统一1995定额子目11-412。

(二)清单工程量

工程量 = 2m

清单工程量计算见表4-3。

表4-3 清单工程量计算

项目编码	项目名称	项目特征描述	计量单位	工程量
011403005001	挂镜线,窗帘棍、单独木线油漆	窗帘棍油漆	m	2.00

二、软件算量

(一)广联达软件算量

1. 清单模式下的招标

(1)定义窗帘棍属性如图4-20所示。

图4-20 定义窗帘棍属性(招标)

(2)软件画图如图4-21所示。

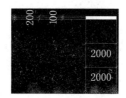

图4-21 软件画图(招标)

（3）软件计算结果如图 4-22 所示。

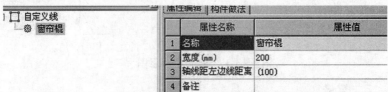

一、自定义线		
序号	构件名称/构件位置	工程量计算式
1	窗帘棍	长度 = 2 m
1.1	⟨1,C⟩,⟨2,C⟩	长度 = 2m

图 4-22　软件计算结果（招标）

2. 清单模式下的投标

（1）定义窗帘棍属性如图 4-23 所示。

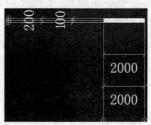

属性编辑	构件做法	
	属性名称	属性值
1	名称	窗帘棍
2	宽度 (mm)	200
3	轴线距左边线距离	(100)
4	备注	

图 4-23　定义窗帘棍属性（投标）

（2）软件画图如图 4-24 所示。

图 4-24　软件画图（投标）

（3）软件计算结果如图 4-25 所示。

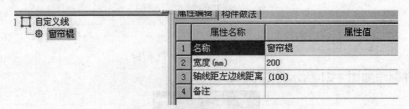

一、自定义线		
序号	构件名称/构件位置	工程量计算式
1	窗帘棍	长度 = 2 m
1.1	⟨1,C⟩,⟨2,C⟩	长度 = 2m

图 4-25　软件计算结果（投标）

3. 定额模式

（1）定义窗帘棍属性如图 4-26 所示。

属性编辑	构件做法	
	属性名称	属性值
1	名称	窗帘棍
2	宽度 (mm)	200
3	轴线距左边线距离	(100)
4	备注	

图 4-26　定义窗帘棍属性（定额）

（2）软件画图如图 4-27 所示。

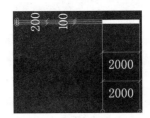

图 4-27　软件画图(定额)

(3)软件计算结果如图 4-28 所示。

一、自定义线

序号	构件名称/构件位置	工程量计算式	
1	窗帘棍	长度 = 2 m	
1.1	⟨1,C⟩,⟨2,C⟩	长度 = 2m	

图 4-28　软件计算结果(定额)

4.软件操作注意事项

(1)因为软件中定义窗帘棍时并没有参数化图形,所以需要自定义构件窗帘棍。

(2)窗帘棍油漆工程量是按构件延长米计量的。

(二)鲁班软件算量

1.清单模式

(1)定义窗帘棍属性如图 4-29 所示。

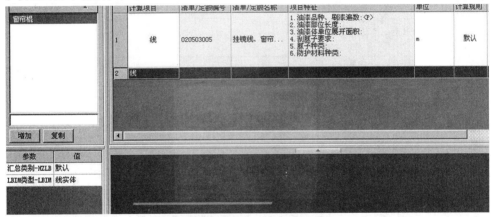

图 4-29　定义窗帘棍属性(清单)

(2)软件画图如图 4-30 所示。

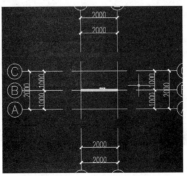

图 4-30　软件画图(清单)

（3）套清单如图 4-31 所示。

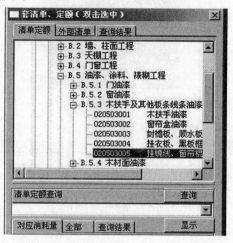

图 4-31　套清单（清单）

（4）软件计算结果如图 4-32 所示。

序号	项目编码	项目名称	计算式	计量单位	工程量	备注
			B.5 油漆、涂料、裱糊工程			
1	020503005	挂镜线、窗帘棍、单独木线油漆 1. 油漆品种、刷漆遍数： 2. 油漆部位长度： 3. 油漆体单位展开面积： 4. 刮腻子要求： 5. 腻子种类： 6. 防护材料种类：		m	2.00	
		1层		m	2.00	
		窗帘棍		m	2.00	
		B/1-2	2[长度]	m	2.00	

图 4-32　软件计算结果（清单）

2. 定额模式

（1）定义窗帘棍属性如图 4-33 所示。

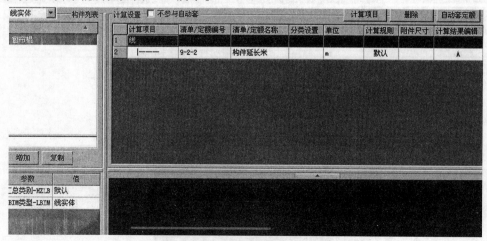

图 4-33　定义窗帘棍属性（定额）

（2）软件画图如图 4-34 所示。

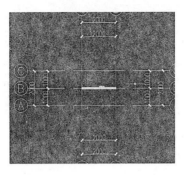

图 4-34　软件画图(定额)

(3)套定额如图 4-35 所示。

图 4-35　套定额(定额)

(4)软件计算结果如图 4-36 所示。

序号	定额编号	项目名称	计算式	单位	工程量	备注
			9.多义图元			
1	9-2-2	构件延长米		m	2.00	
		1层		m	2.00	
		窗帘棍		m	2.00	
		B/1-2	2[长度]	m	2.00	

汇总表｜计算书｜面积表｜门窗表｜房间表｜构件表｜量指标｜实物量(云报表)

图 4-36　软件计算结果(定额)

3.软件操作注意事项

(1)因为软件中定义窗帘棍时并没有参数化图形,所以需要自定义构件窗帘棍。

(2)窗帘棍油漆工程量是按构件延长米计量的。

三、手工算量与软件算量对比与分析

(一)手工与软件计算差值对比

手工与软件计算差值对比见表4-4。

表 4-4　手工与软件计算差值对比

工程名称	类别 清单/定额	手工 数值	广联达 招标	广联达 投标	广联达 定额	鲁班 清单	鲁班 定额
窗帘棍	清单	2.00	2.00	2.00		2.00	
	定额	0.70			2.00		2.00
	差值		0	0	1.30	0	1.30

(二)手工与软件计算差值分析

计算窗帘棍油漆工程量是按设计图示长度以延长米计算,清单工程量就等于油漆工程量,单独木线条 100mm 以内定额工程量乘以系数 0.35,因为软件定额库不完整,没法带入系数,故存在差值。

第三节　木材面油漆

【例 3】　试求图 4-37 所示房间木质地板,刷润滑粉,刮腻子,调和漆三遍的工程量。

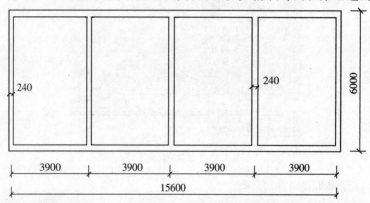

图 4-37　房间木质地板示意图

【解】　一、手工算量

(一)定额工程量

工程量(3.9 - 0.24) × (6 - 0.24) × 4m² = 84.33m² = 0.8433(100m²)

【注释】　工程量计算方法按长乘以宽来计算。0.24 = 0.12 × 2 表示轴线两端所扣除的两个半墙的厚度。(3.9 - 0.24)表示房间短边方向的净长,(6 - 0.24)表示房间长边方向的净长。两部分相乘得出每一个房间内木质地板的面积。乘以 4 表示四个房间木质地板的总面积。

套用 2015 消耗量定额 14 - 132。

(二)清单工程量

清单工程量计算同定额工程量。

清单工程量计算见表 4-5。

表4-5 清单工程量计算

项目编码	项目名称	项目特征描述	计量单位	工程量
011404014001	木地板油漆	木质地板,刷润滑粉、刮腻子、调和漆三遍	m²	$(3.9 - 0.24) \times (6 - 0.24) \times 4 = 84.33$

二、软件算量

(一)广联达软件算量

1. 清单模式下的招标

(1)定义墙属性如图4-38所示。

属性名称	属性值
名称	Q-1
材质	砖
砂浆强度等级	
厚度(mm)	240
底标高(m)	(0)
起点高度(mm)	(3000)
终点高度(mm)	(3000)
轴线距左墙皮距离	(120)
备注	

图4-38 定义墙属性(招标)

(2)软件画图如图4-39所示。

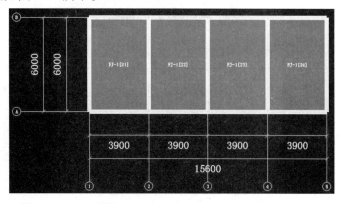

图4-39 软件画图(招标)

(3)软件计算结果如图4-40所示。

序号	构件名称/构件位置	工程量计算式
一、房间		
1	FJ-1	地面积 = 84.326 m²
1.1	FJ-1[21]/<1+1950, B-3000>	地面积 = 21.082<主墙间净面积> = 21.082 m²
1.2	FJ-1[22]/<2+1950, B-3000>	地面积 = 21.082<主墙间净面积> = 21.082 m²
1.3	FJ-1[23]/<3+1950, B-3000>	地面积 = 21.082<主墙间净面积> = 21.082 m²
1.4	FJ-1[24]/<4+1950, B-3000>	地面积 = 21.082<主墙间净面积> = 21.082 m²

图4-40 软件计算结果(招标)

2. 清单模式下的投标

(1)定义墙属性如图4-41所示。

属性名称	属性值
名称	Q-1
材质	砖
砂浆强度等级	
厚度(mm)	240
底标高(m)	(0)
起点高度(mm)	(3000)
终点高度(mm)	(3000)
轴线距左墙皮距离	(120)
备注	

图 4-41　定义墙的属性(投标)

(2)软件画图如图 4-42 所示。

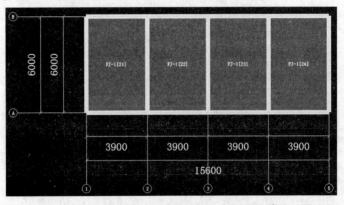

图 4-42　软件画图(投标)

(3)软件计算结果如图 4-43 所示。

一、房间		
序号	构件名称/构件位置	工程量计算式
1	FJ-1	地面积 = 84.326 m²
1.1	FJ-1[21]/⟨1+1950, B-3000⟩	地面积 = 21.082⟨主墙间净面积⟩ = 21.082 m²
1.2	FJ-1[22]/⟨2+1950, B-3000⟩	地面积 = 21.082⟨主墙间净面积⟩ = 21.082 m²
1.3	FJ-1[23]/⟨3+1950, B-3000⟩	地面积 = 21.082⟨主墙间净面积⟩ = 21.082 m²
1.4	FJ-1[24]/⟨4+1950, B-3000⟩	地面积 = 21.082⟨主墙间净面积⟩ = 21.082 m²

图 4-43　软件计算结果(投标)

3.定额模式

(1)定义墙属性如图 4-44 所示。

属性名称	属性值
名称	Q-1
材质	砖
砂浆强度等级	
厚度(mm)	240
底标高(m)	(0)
起点高度(mm)	(3000)
终点高度(mm)	(3000)
轴线距左墙皮距离	(120)
备注	

图 4-44　定义墙属性(定额)

(2)软件画图如图 4-45 所示。

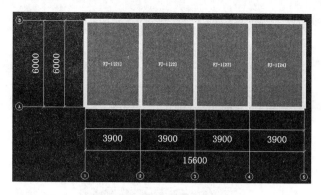

图 4-45 软件画图(定额)

(3)软件计算结果如图 4-46 所示。

一、房间		
序号	构件名称/构件位置	工程量计算式
1	FJ-1	地面积 = 84.326 m²
1.1	FJ-1[21]/<1+1950, B-3000>	地面积 = 21.082<主墙间净面积> = 21.082 m²
1.2	FJ-1[22]/<2+1950, B-3000>	地面积 = 21.082<主墙间净面积> = 21.082 m²
1.3	FJ-1[23]/<3+1950, B-3000>	地面积 = 21.082<主墙间净面积> = 21.082 m²
1.4	FJ-1[24]/<4+1950, B-3000>	地面积 = 21.082<主墙间净面积> = 21.082 m²

图 4-46 软件计算结果(定额)

4. 软件操作注意事项

楼地面装修工程量的计算要通过房间装修来进行,所以在绘图的时候,要绘制房间。

(二)鲁班软件算量

1. 清单模式

(1)定义属性

1)定义墙属性如图 4-47 所示。

参数	值
墙厚(mm)-TN	240
楼层 顶标高(mm)-TH	3000
楼层 底标高(mm)-BH	0
混凝土强度等级-CG	C30
施工方式-WOC	泵送商品混凝土
模板类型-PT	复合木模
人防-RF	非人防
汇总类别-HZLB	默认
LBIM类型-LBIM	砼外墙

图 4-47 定义墙属性(清单)

2)定义地面装饰属性如图 4-48 所示。

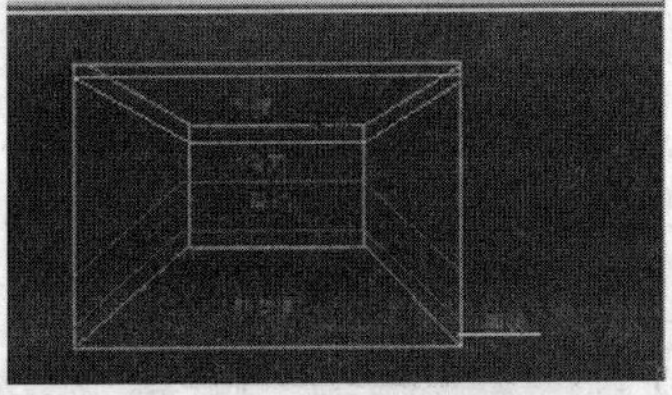

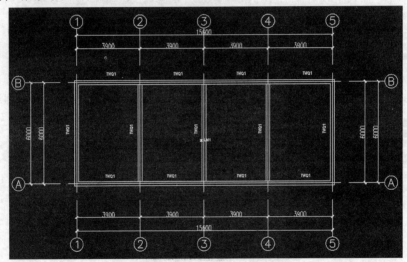

图 4-48　定义地面装饰属性(清单)

(2)软件画图如图 4-49 所示。

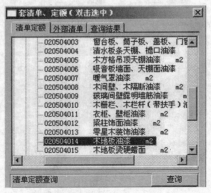

图 4-49　软件画图(清单)

(3)套清单如图 4-50 所示。

图 4-50　套清单(清单)

(4)软件计算结果如图4-51所示。

序号	项目编码	项目名称	计算式	计量单位	工程量
		B.5 油漆、涂料、裱糊工程			
1	020504014	木地板油漆 1. 腻子种类： 2. 油漆品种、刷漆遍数： 3. 刮腻子要求： 4. 防护材料种类：		m²	84.33
		1层		m²	84.33
		LM1		m²	84.33
		1-5/A-B	98.842[面积]-14.515[主墙]	m²	84.33

图4-51　软件计算结果(清单)

2.定额模式

(1)定义属性

1)定义墙属性如图4-52所示。

参数	值
墙厚(mm)-TN	240
楼层 顶标高(mm)-TH	3000
楼层 底标高(mm)-BH	0
混凝土强度等级-CG	C30
施工方式-WOC	泵送商品混凝土
模板类型-PT	复合木模
人防-RF	非人防
汇总类别-HZLB	默认
LBIM类型-LBIM	砼外墙

图4-52　定义墙属性(定额)

2)定义地面装饰属性如图4-53所示。

参数	值
对应房间-AR	...
楼层 底标高(mm)-BH	0
面层材质-SM	乳胶漆
基层材质-BFM	
保温层-IL	
防潮层-MB	
三维材质-GM	
图集名称-GN	
图集编号-GNU	
汇总类别-HZLB	默认
LBIM类型-LBIM	楼地面

图4-53　定义地面装饰属性(定额)

(2)软件画图如图4-54所示。

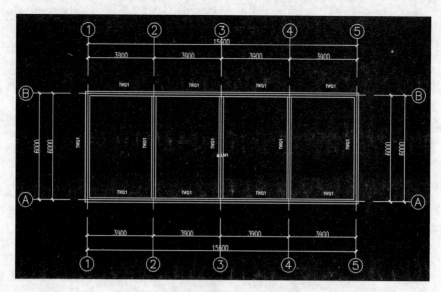

图 4-54　软件画图(定额)

(3)套定额如图 4-55 所示。

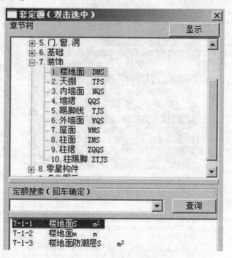

图 4-55　套定额(定额)

(4)软件计算结果如图 4-56 所示。

序号	定额编号	项目名称	计算式	单位	工程量	备注
			7.装饰			
1	7-1-1	楼地面S		m²	84.33	
		1层		m²	84.33	
		LM1		m²	84.33	
		1-5/A-B	98.842[面积]-14.515[主墙]	m²	84.33	

图 4-56　软件计算结果(定额)

3. 软件操作注意事项

定义墙属性的时候,厚度要改为 240mm。

三、手工算量与软件算量对比与分析

(一)手工与软件计算差值对比

手工与软件计算差值对比见表 4-6。

表4-6　手工与软件计算差值对比

工程名称	类别 清单/定额	手工 数值	广联达 招标	广联达 投标	广联达 定额	鲁班 清单	鲁班 定额
木地板油漆	清单	84.33	84.33	84.33		84.33	
	定额	84.33			84.33		84.33
	差值		0	0	0	0	0

（二）手工与软件计算差值分析

手工算量与广联达软件算量在计算楼地面的时候是根据单个房间的长和宽减去相应的墙的厚度,相乘得到面积,然后再将各个房间的面积相加得到总面积,而鲁班软件算量则是计算总的面积,然后减去墙所占的面积得到所求的面积。

第四节　喷刷涂料

【例4】　如图4-57所示二层小楼,试求其抹乳胶漆线条的工程量,乳胶漆线条宽100mm。

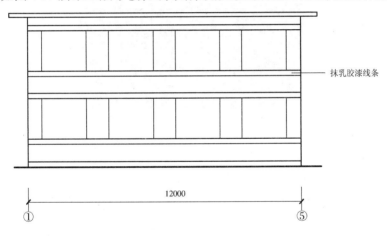

图4-57　①~⑤立面图

【解】　一、手工算量

（一）清单工程量

抹乳胶漆线条的工程量 = 12m × 4 = 48m

清单工程量计算见表4-7。

表4-7　清单工程量计算

项目编码	项目名称	项目特征描述	计量单位	工程量
011406002001	抹灰线条油漆	抹乳胶漆线条	m	48.00

（二）定额工程量

定额工程量计算同清单工程量,套用2015消耗量定额14-207。

说明:定额计算中要注意抹灰线条油漆的长度区段,不同的长度区在查定额时,所对应的编码不同。

二、软件算量

(一)广联达软件算量

1. 清单模式下的招标

(1)定义乳胶漆线条属性如图 4-58 所示。

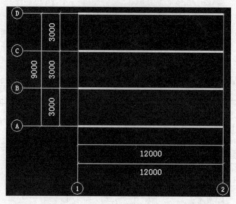

自定义线
乳胶漆线条

属性编辑 | 构件做法

	属性名称	属性值
1	名称	乳胶漆线条
2	宽度(mm)	100
3	轴线距左边线距离	(50)
4	备注	

图 4-58　定义乳胶漆线条属性(招标)

(2)软件画图如图 4-59 所示。

图 4-59　软件画图(招标)

(3)软件计算结果如图 4-60 所示。

一、自定义线

序号	构件名称/构件位置	工程量计算式
1	乳胶漆线条	长度 = 48 m
1.1	<1,D>,<2,D>	长度 = 12m
1.2	<1,C>,<2,C>	长度 = 12m
1.3	<1,B>,<2,B>	长度 = 12m
1.4	<1,A>,<2,A>	长度 = 12m

图 4-60　软件计算结果(招标)

2. 清单模式下的投标

(1)定义乳胶漆线条属性如图 4-61 所示。

自定义线
乳胶漆线条

属性编辑 | 构件做法

	属性名称	属性值
1	名称	乳胶漆线条
2	宽度(mm)	100
3	轴线距左边线距离	(50)
4	备注	

图 4-61　定义乳胶漆线条属性(投标)

(2)软件画图如图 4-62 所示。

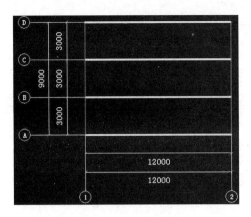

图 4-62 软件画图(投标)

(3)软件计算结果如图 4-63 所示。

一、自定义线		
序号	构件名称/构件位置	工程量计算式
1	乳胶漆线条	长度 = 48 m
1.1	⟨1,D⟩,⟨2,D⟩	长度 = 12m
1.2	⟨1,C⟩,⟨2,C⟩	长度 = 12m
1.3	⟨1,B⟩,⟨2,B⟩	长度 = 12m
1.4	⟨1,A⟩,⟨2,A⟩	长度 = 12m

图 4-63 软件计算结果(投标)

3.定额模式

(1)定义乳胶漆线条属性如图 4-64 所示。

自定义线
⚙ 乳胶漆线条

	属性名称	属性值
1	名称	乳胶漆线条
2	宽度(mm)	100
3	轴线距左边线距离	(50)
4	备注	

图 4-64 定义乳胶漆线条属性(定额)

(2)软件画图如图 4-65 所示。

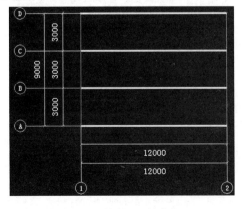

图 4-65 软件画图(定额)

(3)软件计算结果如图 4-66 所示。

一、自定义线		
序号	构件名称/构件位置	工程量计算式
1	乳胶漆线条	长度 = 48 m
1.1	〈1, D〉, 〈2, D〉	长度 = 12m
1.2	〈1, C〉, 〈2, C〉	长度 = 12m
1.3	〈1, B〉, 〈2, B〉	长度 = 12m
1.4	〈1, A〉, 〈2, A〉	长度 = 12m

图 4-66　软件计算结果

4. 软件操作注意事项

(1)首先定义乳胶漆线条的属性,根据图纸要求,输入线条的宽度和长度。

(2)建立轴网,绘图汇总计算,可以通过勾选对想要的工程量进行提取。

(二)鲁班软件算量

1. 清单模式

(1)定义乳胶漆线条属性如图 4-67 所示。

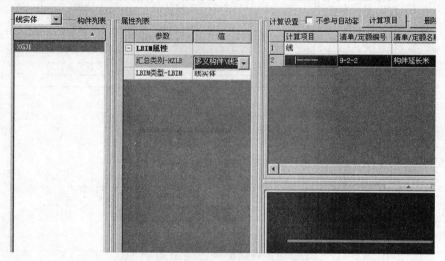

图 4-67　定义乳胶漆线条属性(清单)

(2)软件画图如图 4-68 所示。

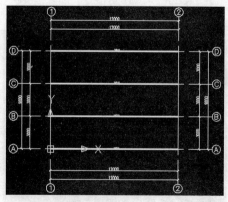

图 4-68　软件画图(清单)

(3)套清单如图 4-69 所示。

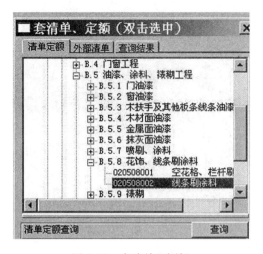

图 4-69　套清单(清单)

(4)软件计算结果如图 4-70 所示。

序号	项目编码	项目名称	计量单位	工程量	金额(元)		备注
					单价	合价	
		B.5 油漆、涂料、裱糊工程					
1	020508002	线条刷涂料 1.腻子种类: 2.刮腻子要求: 3.线条宽度: 4.涂料品种、刷喷遍数:	m	48.00			

图 4-70　软件计算结果(清单)

2.定额模式

(1)定义乳胶漆线条属性如图 4-71 所示。

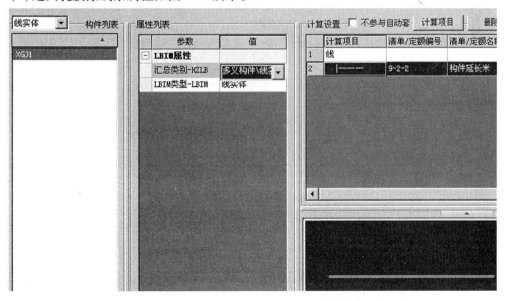

图 4-71　定义乳胶漆线条属性(定额)

(2)软件画图如图 4-72 所示。

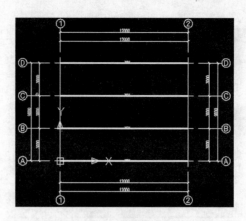

图 4-72　软件画图(定额)

(3)套定额如图 4-73 所示。

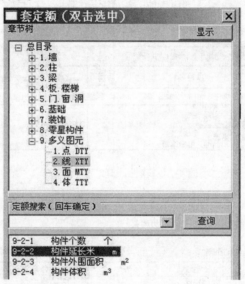

图 4-73　套定额(定额)

(4)软件计算结果如图 4-74 所示。

汇总表	计算书	面积表	门窗表	房间表	构件表	量指标	实物量(云报表)	
序号	定额编号	项目名称	单位	工程量	单价	合价	备注	
		9.多义图元						
1	9-2-2	构件延长米	m	48.00				

图 4-74　软件计算结果(定额)

3. 软件操作注意事项

(1)定义属性时要注意乳胶漆线条的长度和宽度。

(2)建立轴网,绘图汇总计算,可以通过勾选对想要的工程量进行提取。

三、手工算量与软件算量对比与分析

(一)手工与软件计算差值对比

手工与软件计算差值对比见表4-8。

表4-8 手工与软件计算差值对比

工程名称	清单/定额　　　类别	手工数值	广联达招标	广联达投标	广联达定额	鲁班清单	鲁班定额
乳胶漆线条	清单	48	48	48		48	
	定额				48		48
	差值	0	0	0	0	0	0

（二）手工与软件计算差值分析

手工计算与鲁班软件和广联达软件计算工程量的公式一样,都是刷乳胶漆线条长度×线条数量,计算结果也与手工计算相同,不存在差值。

第五节　抹灰面油漆

【例5】 已知墙裙高1.5m,窗台高1.0m,窗洞侧油漆宽100mm。试求如图4-75所示房间内墙裙油漆的工程量。

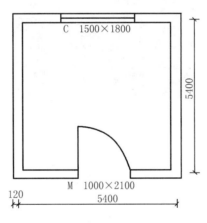

图4-75　某房间示意图

【解】 一、手工算量

墙裙油漆的工程量:

$$\begin{aligned}
长 \times 高 - 应扣除面积 + 应增加面积 &= \{(5.4-0.12\times2)\times4\times1.5-[1.5\times(1.5-1.0)+ \\
&\quad 1.0\times1.5]+(1.50-1.0)\times0.10\times2\}\,m^2 \\
&= 28.81\,m^2
\end{aligned}$$

【注释】 0.12×2为轴线两端所扣除的两个半墙的厚度。(5.4-0.12×2)为房间内墙体的边长。乘以4为房间内四周墙体的总长度。1.5为墙裙的高度。1.5×(1.5-1.0)为应扣除窗洞口所占的面积(第一个1.5为窗洞口的宽度,第二个1.5为墙裙的高度,1.0为窗台的高度)。1.0×1.5为应扣除门洞口所占的面积(1.0为门洞口的宽度,1.5为墙裙的高度)。(1.5-1.0)×0.10×2为窗洞口的两个侧边所增加的油漆墙裙的面积(1.5为墙裙的高度,1.0为窗台的高度,0.10为窗洞口侧边的宽度,2为窗洞口有两个侧边)。

二、软件算量

(一)广联达软件算量

1. 清单模式下的招标

(1)定义墙裙属性如图 4-76 所示。

	属性名称	属性值
1	名称	FJ-1
2	墙裙高度(mm)	1500
3	踢脚高度(mm)	0
4	吊顶高度(mm)	(0)
5	块料厚度(mm)	0
6	备注	

图 4-76　定义墙裙属性(招标)

(2)软件画图如图 4-77 所示。

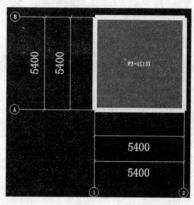

图 4-77　软件画图(招标)

(3)软件计算结果如图 4-78 所示。

一、房间

序号	构件名称/构件位置	工程量计算式
1	FJ-1	墙裙抹灰面积 = 28.71 m²
		门窗侧壁面积 = 1.236 m²
1.1	FJ-1[13]/〈1+2700, B-2700〉	墙裙抹灰面积 = 20.64〈内墙皮长度〉*1.5〈高度〉-(1.5〈M-1〉+0.75〈C-1〉) = 28.71 m²
		门窗侧壁面积 = 0.624〈门侧壁面积〉+0.612〈窗侧壁面积〉 = 1.236 m²

图 4-78　软件计算结果(招标)

2. 清单模式下的投标

(1)定义墙裙属性如图 4-79 所示。

	属性名称	属性值
1	名称	FJ-1
2	墙裙高度(mm)	1500
3	踢脚高度(mm)	0
4	吊顶高度(mm)	(0)
5	块料厚度(mm)	0
6	备注	

图 4-79　定义墙裙属性(投标)

（2）软件画图如图4-80所示。

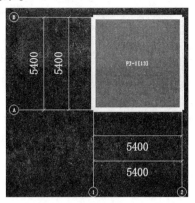

图 4-80 软件画图（投标）

（3）软件计算结果如图4-81所示。

一、房间			
序号	构件名称/构件位置	工程量计算式	
1	FJ-1	墙裙抹灰面积 = 28.71 m²	
		门窗侧壁面积 = 1.236 m²	
1.1	FJ-1[13]/〈1+2700, B-2700〉	墙裙抹灰面积 = 20.64〈内墙皮长度〉*1.5〈高度〉-（1.5〈M-1〉+0.75〈C-1〉）= 28.71 m²	
		门窗侧壁面积 = 0.624〈门侧壁面积〉+0.612〈窗侧壁面积〉 = 1.236 m²	

图 4-81 软件计算结果（投标）

3.定额模式

（1）定义墙裙属性如图4-82所示。

	属性名称	属性值
1	名称	FJ-1
2	墙裙高度(mm)	1500
3	踢脚高度(mm)	0
4	吊顶高度(mm)	(0)
5	块料厚度(mm)	0
6	备注	

图 4-82 定义墙裙属性（定额）

（2）软件画图如图4-83所示。

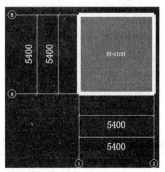

图 4-83 软件画图（定额）

（3）软件计算结果如图4-84所示。

一、房间		
序号	构件名称/构件位置	工程量计算式
1	FJ-1	墙裙抹灰面积 = 28.71 m²
		门窗侧壁面积 = 1.236 m²
1.1	FJ-1[13]/<1+2700, B-2700>	墙裙抹灰面积 = 20.64<内墙皮长度>*1.5<高度>-(1.5<M-1>+0.75<C-1>) = 28.71 m²
		门窗侧壁面积 = 0.624<门侧壁面积>+0.612<窗侧壁面积> = 1.236 m²

图 4-84　软件计算结果(定额)

4. 软件操作注意事项

(1)首先定义墙裙属性,建立房间,输入墙裙高度,汇总计算。

(2)汇总计算后,打开报表预览,可以通过选择工程量,对想要的结果进行勾选,提取想要的结果。

(3)墙裙油漆清单工程量与定额工程量无法套取可以用墙面抹灰工程量代替。

(二)鲁班软件算量

1. 清单模式

(1)定义墙裙属性如图 4-85 所示。

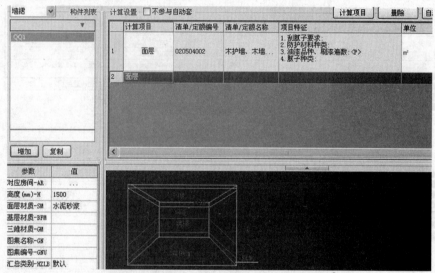

图 4-85　定义墙裙属性(清单)

(2)软件画图如图 4-86 所示。

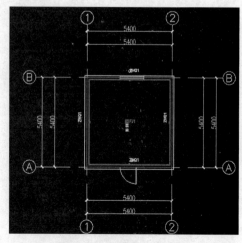

图 4-86　软件画图(清单)

（3）套清单如图 4-87 所示。

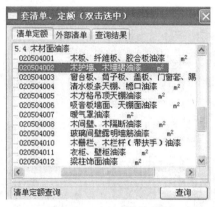

图 4-87　套清单（清单）

（4）软件计算结果如图 4-88 所示。

序号	项目编码	项目名称	计算式	计量单位	工程量	备注
			B.5 油漆、涂料、裱糊工程			
1	020504002	木护墙、木墙裙油漆 1. 刮腻子要求： 2. 防护材料种类： 3. 油漆品种、刷漆遍数： 4. 腻子种类：		m²	29.26	
		1层		m²	29.26	
		QQ1		m²	29.26	
		1/A-B	5.16[长度]×1.5[高度]	m²	15.48	7.74×2件
		A/1-2	5.16[长度]×1.5[高度]+0.1×3[门、窗侧壁] -1.5[门]	m²	6.54	
		B/1-2	5.16[长度]×1.5[高度]+0.1×2.5[门、窗侧壁] -0.75[窗]	m²	7.24	

图 4-88　软件计算结果（清单）

2. 定额模式

（1）定义墙裙属性如图 4-89 所示。

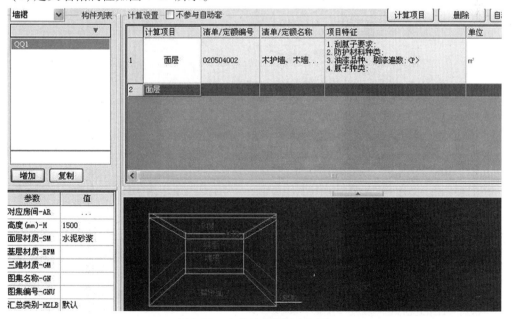

图 4-89　定义墙裙属性（定额）

(2)软件画图如图 4-90 所示。

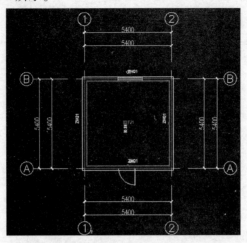

图 4-90　软件画图(定额)

(3)套定额如图 4-91 所示。

图 4-91　套定额(定额)

(4)软件计算结果如图 4-92 所示。

序号	定额编号	项目名称	计算式	单位	工程量	备注
			7. 装饰			
1	7-4-1	墙裙		m²	29.26	
		1层		m²	29.26	
		QQ1		m²	29.26	
		1/A-B	5.16[长度]×1.5[高度]	m²	15.48	7.74×2件
		A/1-2	5.16[长度]×1.5[高度]+0.1×3[门.窗侧壁]-1.5[门]	m²	6.54	
		B/1-2	5.16[长度]×1.5[高度]+0.1×2.5[门.窗侧壁]-0.75[窗]	m²	7.24	

图 4-92　软件计算结果(定额)

3.软件操作注意事项

定义墙裙属性,输入墙裙高度,套取相应的清单与定额子目。

三、手工算量与软件算量对比与分析。

（一）手工与软件计算差值对比

手工与软件计算差值对比见表4-9。

表4-9 手工与软件计算差值对比

工程名称	类别 清单/定额	手工数值	广联达招标	广联达投标	广联达定额	鲁班清单	鲁班定额
墙裙	清单	28.81	28.71	28.71		29.26	
	定额	28.81			28.71		29.26
	差值		0.10	0.10	0.10	0.45	0.45

（二）手工与软件计算差值分析

（1）通过对比手算与软件计算结果，发现存在差值。

（2）分析手算计算式，墙裙油漆工程量等于墙裙面积减去门窗洞口的面积再加上窗侧壁的油漆面积，分析软件计算式，在广联达软件中系统默认门窗侧壁宽70mm，而手算只要求窗侧壁宽100mm油漆，所以这是与广联达软件造成差值的原因。

（3）分析鲁班软件计算式，门窗侧壁都算了油漆工程量，而图纸只要求算窗的侧壁油漆工程量，所以这是鲁班软件造成差值的原因所在。

第六节 裱糊工程

【例6】 某住宅书房平面图如图4-93所示，已知其墙面裱糊金属墙纸，试求房间贴金属墙纸工程量（房间顶棚高3000mm）。

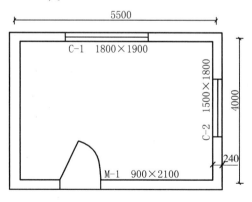

图4-93 某住宅书房平面图

【解】 一、手工算量

$$工程量 = \left\{ \left[(4.0 - 0.24) + (5.5 - 0.24) \right] \times 2 \times 3.0 - 1.5 \times 1.8 - 1.8 \times 1.9 - 0.9 \times 2.1 \right\} m^2$$
$$= 46.11 m^2$$

【注释】 0.24 = 0.12 × 2为轴线两端所扣除的两个半墙的厚度。（4.0 - 0.24）为书房短边方向主墙间的净长，（5.5 - 0.24）为书房长边方向主墙间的净长。两部分加起来乘以2为书房四周墙体的总长度。3.0 为墙体的高度。1.5×1.8 为应扣除 C-2 窗洞口所占的面积(1.5 为 C-2 窗洞口的宽度,1.8 为 C-2 窗洞口的高度)。1.8×1.9 为应扣除 C-1 窗洞口所占的面积(1.8 为 C-1 窗洞口的宽度,1.9 为 C-1 窗洞口的高度)。0.9×2.1 为应扣除 M-1 门洞口所占的面积(0.9 为门洞口的宽度,2.1 为门洞口的高度)。

二、软件算量

(一)广联达软件算量

1. 清单模式下的招标

(1)定义属性

1)定义墙属性如图 4-94 所示。

名称	Q-1
材质	砖
砂浆强度等级	
厚度(mm)	240
底标高(m)	(0)
起点高度(mm)	(3000)
终点高度(mm)	(3000)
轴线距左墙皮距离	(120)
备注	

图 4-94　定义墙属性(招标)

2)定义窗 C-1 属性如图 4-95 所示。

属性名称	属性值
名称	C-1
洞口宽度(mm)	1800
洞口高度(mm)	1900
框左右扣尺寸(mm)	0
框上下扣尺寸(mm)	0
框厚(mm)	0
立樘距离(mm)	0
离地高度(mm)	900
洞口面积(m²)	3.42
框外围面积(m²)	3.42
备注	

图 4-95　定义窗 C-1 属性(招标)

3)定义窗 C-2 属性如图 4-96 所示。

属性名称	属性值
名称	C-2
洞口宽度(mm)	1500
洞口高度(mm)	1800
框左右扣尺寸(mm)	0
框上下扣尺寸(mm)	0
框厚(mm)	0
立樘距离(mm)	0
离地高度(mm)	900
洞口面积(m²)	2.7
框外围面积(m²)	2.7
备注	

图 4-96　定义窗 C-2 属性(招标)

4)定义门 M - 1 属性如图 4-97 所示。

属性名称	属性值
名称	M-1
洞口宽度 (mm)	900
洞口高度 (mm)	2100
框左右扣尺寸 (mm)	0
框上下扣尺寸 (mm)	0
框厚 (mm)	0
立樘距离 (mm)	0
洞口面积 (m²)	1.89
框外围面积 (m²)	1.89
底标高 (m)	(0)
备注	

图 4-97　定义门 M - 1 属性(招标)

5)定义房间属性如图 4-98 所示。

属性名称	属性值
名称	FJ-1
墙裙高度 (mm)	0
踢脚高度 (mm)	0
吊顶高度 (mm)	(0)
块料厚度 (mm)	0
备注	

图 4-98　定义房间属性(招标)

6)定义单墙面装修属性如图 4-99 所示。

属性名称	属性值
名称	NQMZX-1
墙裙高度 (mm)	0
踢脚高度 (mm)	0
备注	

图 4-99　定义单墙面装修属性(招标)

(2)软件画图

1)装修示意图如图 4-100 所示。

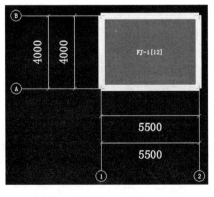

图 4-100　装修示意图(招标)

2)门窗分布图如图 4-101 所示。

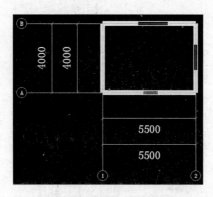

图 4-101　门窗分布图(招标)

(3)软件计算结果如图 4-102 所示。

一、单墙面装修		
序号	构件名称/构件位置	工程量计算式
1	NQMZX-1	墙面抹灰面积 = 46.11 m²
1.1	NQMZX-1[13]/<1+120, A>, <1+120, B>	墙面抹灰面积 = 11.28 m²
1.2	NQMZX-1[14]/<2, A+120>, <1, A+120>	墙面抹灰面积 = 13.89 m²
1.3	NQMZX-1[15]/<2-120, B>, <2-120, A>	墙面抹灰面积 = 8.58 m²
1.4	NQMZX-1[16]/<1, B-120>, <2, B-120>	墙面抹灰面积 = 12.36 m²

图 4-102　软件计算结果(招标)

2. 清单模式下的投标

(1)定义属性

1)定义墙属性如图 4-103 所示。

名称	Q-1
材质	砖
砂浆强度等级	
厚度(mm)	240
底标高(m)	(0)
起点高度(mm)	(3000)
终点高度(mm)	(3000)
轴线距左墙皮距离(mm)	(120)
备注	

图 4-103　定义墙属性(投标)

2)定义窗 C-1 属性如图 4-104 所示。

属性名称	属性值
名称	C-1
洞口宽度(mm)	1800
洞口高度(mm)	1900
框左右扣尺寸(mm)	0
框上下扣尺寸(mm)	0
框厚(mm)	0
立樘距离(mm)	0
离地高度(mm)	900
洞口面积(m²)	3.42
框外围面积(m²)	3.42
备注	

图 4-104　定义窗 C-1 属性(投标)

3）定义窗 C－2 属性如图 4-105 所示。

属性名称	属性值
名称	C-2
洞口宽度 (mm)	1500
洞口高度 (mm)	1800
框左右扣尺寸 (mm)	0
框上下扣尺寸 (mm)	0
框厚 (mm)	0
立梃距离 (mm)	0
离地高度 (mm)	900
洞口面积 (m²)	2.7
框外围面积 (m²)	2.7
备注	

图 4-105　定义墙 C－2 属性（投标）

4）定义门 M－1 属性如图 4-106 所示。

属性名称	属性值
名称	M-1
洞口宽度 (mm)	900
洞口高度 (mm)	2100
框左右扣尺寸 (mm)	0
框上下扣尺寸 (mm)	0
框厚 (mm)	0
立梃距离 (mm)	0
洞口面积 (m²)	1.89
框外围面积 (m²)	1.89
底标高 (m)	(0)
备注	

图 4-106　定义门 M－1 属性（投标）

5）定义房间属性如图 4-107 所示。

属性名称	属性值
名称	FJ-1
墙裙高度 (mm)	0
踢脚高度 (mm)	0
吊顶高度 (mm)	(0)
块料厚度 (mm)	0
备注	

图 4-107　定义房间属性（投标）

6）定义单墙面装修属性如图 4-108 所示。

属性名称	属性值
名称	NQMZX-1
墙裙高度 (mm)	0
踢脚高度 (mm)	0
备注	

图 4-108　定义单墙面装修属性（投标）

（2）软件画图

1）装修示意图如图 4-109 所示。

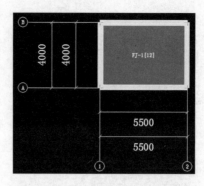

图 4-109　装修示意图(投标)

2)门窗分布图如图 4-110 所示。

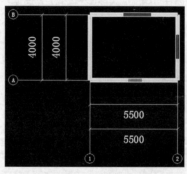

图 4-110　门窗分布图(投标)

(3)软件计算结果如图 4-111 所示。

一、单墙面装修		
序号	构件名称/构件位置	工程量计算式
1	NQMZX-1	墙面抹灰面积 = 46.11 m²
1.1	NQMZX-1[13]/〈1+120, A〉, 〈1+120, B〉	墙面抹灰面积 = 11.28 m²
1.2	NQMZX-1[14]/〈2, A+120〉, 〈1, A+120〉	墙面抹灰面积 = 13.89 m²
1.3	NQMZX-1[15]/〈2-120, B〉, 〈2-120, A〉	墙面抹灰面积 = 8.58 m²
1.4	NQMZX-1[16]/〈1, B-120〉, 〈2, B-120〉	墙面抹灰面积 = 12.36 m²

图 4-111　软件计算结果(投标)

3.定额模式

(1)定义属性

1)定义墙属性如图 4-112 所示。

名称	Q-1
材质	砖
砂浆强度等级	
厚度(mm)	240
底标高(m)	(0)
起点高度(mm)	(3000)
终点高度(mm)	(3000)
轴线距左墙皮距离	(120)
备注	

图 4-112　定义墙属性(定额)

2）定义窗 C-1 属性如图 4-113 所示。

属性名称	属性值
名称	C-1
洞口宽度 (mm)	1800
洞口高度 (mm)	1900
框左右扣尺寸 (mm)	0
框上下扣尺寸 (mm)	0
框厚 (mm)	0
立樘距离 (mm)	0
离地高度 (mm)	900
洞口面积 (m²)	3.42
框外围面积 (m²)	3.42
备注	

图 4-113　定义窗 C-1 属性（定额）

3）定义窗 C-2 属性如图 4-114 所示。

属性名称	属性值
名称	C-2
洞口宽度 (mm)	1500
洞口高度 (mm)	1800
框左右扣尺寸 (mm)	0
框上下扣尺寸 (mm)	0
框厚 (mm)	0
立樘距离 (mm)	0
离地高度 (mm)	900
洞口面积 (m²)	2.7
框外围面积 (m²)	2.7
备注	

图 4-114　定义窗 C-2 属性（定额）

4）定义门 M-1 属性如图 4-115 所示。

属性名称	属性值
名称	M-1
洞口宽度 (mm)	900
洞口高度 (mm)	2100
框左右扣尺寸 (mm)	0
框上下扣尺寸 (mm)	0
框厚 (mm)	0
立樘距离 (mm)	0
洞口面积 (m²)	1.89
框外围面积 (m²)	1.89
底标高 (m)	(0)
备注	

图 4-115　定义门 M-1 属性（定额）

5）定义房间属性如图 4-116 所示。

属性名称	属性值
名称	FJ-1
墙裙高度 (mm)	0
踢脚高度 (mm)	0
吊顶高度 (mm)	(0)
块料厚度 (mm)	0
备注	

图 4-116　定义房间属性（定额）

6)定义单墙面装修属性如图 4-117 所示。

属性名称	属性值
名称	NQMZX-1
墙裙高度(mm)	0
踢脚高度(mm)	0
备注	

图 4-117　定义单墙面装修属性(定额)

(2)软件画图

1)装修示意图如图 4-118 所示。

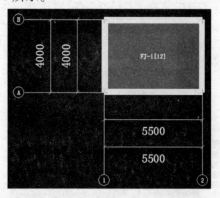

图 4-118　装修示意图(定额)

2)门窗分布图如图 4-119 所示。

图 4-119　门窗分布图(定额)

(3)软件计算结果如图 4-120 所示。

一、单墙面装修		
序号	构件名称/构件位置	工程量计算式
1	NQMZX-1	墙面抹灰面积 = 46.11 m²
1.1	NQMZX-1[13]/⟨1+120, A⟩, ⟨1+120, B⟩	墙面抹灰面积 = 11.28 m²
1.2	NQMZX-1[14]/⟨2, A+120⟩, ⟨1, A+120⟩	墙面抹灰面积 = 13.89 m²
1.3	NQMZX-1[15]/⟨2-120, B⟩, ⟨2-120, A⟩	墙面抹灰面积 = 8.58 m²
1.4	NQMZX-1[16]/⟨1, B-120⟩, ⟨2, B-120⟩	墙面抹灰面积 = 12.36 m²

图 4-120　软件计算结果(定额)

4. 软件操作注意事项

(1) 最好先画房间再在房间中添加墙面装修。

(2) 在设置房间和单墙面装修的属性时,把踢脚和墙裙的属性都改为0。

(二) 鲁班软件算量

1. 清单模式

(1) 定义属性

1) 定义墙属性如图 4-121 所示。

参数	值
墙厚(mm)-TN	240
楼层 顶标高(mm)-TH	3000
楼层 底标高(mm)-BH	0
混凝土强度等级-CG	C30
施工方式-WOC	泵送商品混凝土
模板类型-PT	复合木模
人防-RF	非人防
汇总类别-HZLB	默认
LBIM类型-LBIM	混凝土外墙

图 4-121　定义墙属性(清单)

2) 定义窗 C - 1 属性如图 4-122 所示。

参数	值
框厚(mm)-TOF	100
楼层 底标高(mm)-BH	900
材质-MT	铝合金
类型-CATE	普通窗
开启方式-OM	平开
油漆-P	聚酯混漆
增减遍数(遍)-PTS	0
图集名称-GN	
图集编号-GNU	
汇总类别-HZLB	默认
LBIM类型-LBIM	窗

1900

1800

图 4-122　定义窗 C - 1 属性(清单)

3) 定义窗 C - 2 属性如图 4-123 所示。

参数	值
框厚 (mm)-TOF	0
楼层 底标高 (mm)-BH	900
材质-MT	铝合金
类型-CATE	普通窗
开启方式-OM	平开
油漆-P	聚酯混漆
增减遍数 (遍)-PTS	0
图集名称-GN	
图集编号-GNU	
汇总类别-HZLB	默认
LBIM类型-LBIM	窗

图 4-123　定义窗 C－2 属性（清单）

4）定义门 M－1 属性如图 4-124 所示。

参数	值
框厚 (mm)-TOF	0
楼层 底标高 (mm)-BH	0
材质-MT	木质
类型-CATE	装饰门
开启方式-OM	平开
开启角度-JD	45
安装位置-WZ	开启方向居中
门扇数-DN	单扇
是否有亮-BON	无亮
五金材料-HM	防火门锁
油漆-P	聚酯混漆
增减遍数 (遍)-PTS	0
图集名称-GN	
图集编号-GNU	
汇总类别-HZLB	默认
LBIM类型-LBIM	门

图 4-124　定义门 M－1 属性（清单）

5）定义内墙面装修 NQM1 属性如图 4-125 所示。

参数	值
对应房间-AR	...
楼层 顶标高 (mm)-TH	取墙柱保温顶标高
楼层 底标高 (mm)-BH	取墙柱保温底标高
面层材质-SM	水泥砂浆
基层材质-BFM	
三维材质-GM	
图集名称-GN	
图集编号-GNU	
汇总类别-HZLB	默认
LBIM类型-LBIM	内墙面

图 4-125　定义内墙面装修 NQM1 属性（清单）

（2）软件画图如图 4-126 所示。

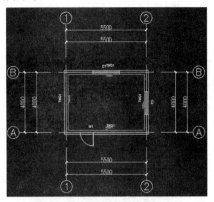

图 4-126　软件画图（清单）

（3）套清单如图 4-127 所示。

图 4-127　套清单（清单）

（4）软件计算结果如图 4-128 所示。

序号	项目编码	项目名称	计算式	计量单位	工程量
			B.5 油漆、涂料、裱糊工程		
1	020509001	墙纸裱糊 1. 腻子种类： 2. 面层材料品种、规格、品牌、颜色： 3. 防护材料种类： 4. 粘结材料种类： 5. 刮腻子要求： 6. 基层类型： 7. 裱糊构件部位：		m²	47.45
		1层		m²	47.45
		NQM1		m²	47.45
		1/A-B	3.76[长度]×3[高度]	m²	11.28
		2/A-B	3.76[长度]×3[高度]+0.07×6.6[门、窗侧壁]-2.7[窗]	m²	9.04
		A/1-2	5.26[长度]×3[高度]+0.07×5.1[门、窗侧壁]-1.89[门]	m²	14.25
		B/1-2	5.26[长度]×3[高度]+0.07×7.4[门、窗侧壁]-3.42[窗]	m²	12.88

图 4-128　软件计算结果（清单）

2. 定额模式

（1）定义属性

1）定义墙属性如图 4-129 所示。

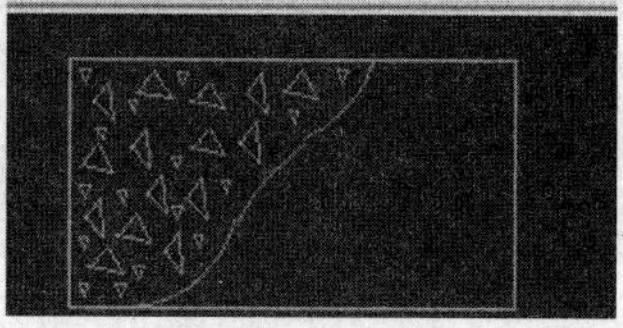

图 4-129　定义墙属性(定额)

2)定义窗 C‑1 属性如图 4‑130 所示。

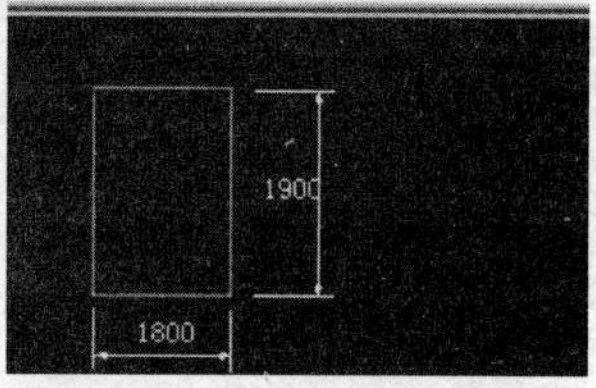

图 4-130　定义窗 C‑1 属性(定额)

3)定义窗 C‑2 属性如图 4‑131 所示。

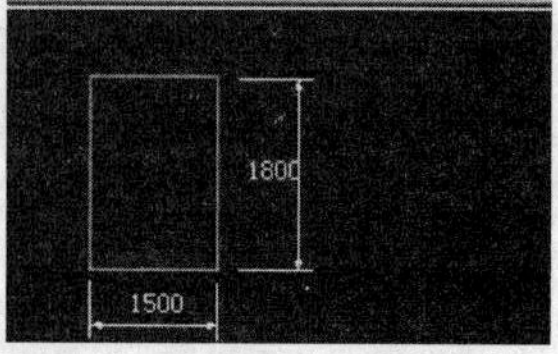

图 4-131　定义窗 C‑2 属性(定额)

4）定义门 M−1 属性如图 4-132 所示。

参数	值
框厚(mm)-TOF	0
楼层 底标高(mm)-BH	0
材质-MT	木质
类型-CATE	装饰门
开启方式-OM	平开
开启角度-JD	45
安装位置-WZ	开启方向居中
门扇数-DN	单扇
是否有亮-BON	无亮
五金材料-MM	防火门锁
油漆-P	聚脂混漆
增减遍数(遍)-PTS	0
图集名称-GN	
图集编号-GNU	
汇总类别-HZLB	默认
LBIM类型-LBIM	门

图 4-132　定义门 M−1 属性（定额）

5）定义内墙面装修 NQM1 属性如图 4-133 所示。

参数	值
对应房间-AR	...
楼层 顶标高(mm)-TH	取墙柱保温顶标高
楼层 底标高(mm)-BH	取墙柱保温底标高
面层材质-SM	水泥砂浆
基层材质-BFM	
三维材质-GM	
图集名称-GN	
图集编号-GNU	
汇总类别-HZLB	默认
LBIM类型-LBIM	内墙面

图 4-133　定义内墙面装修 NQM1 属性（定额）

（2）软件画图如图 4-134 所示。

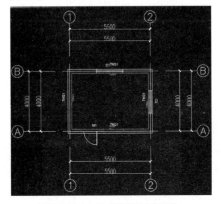

图 4-134　软件画图（定额）

（3）套定额如图 4-135 所示。

图 4-135　套定额(定额)

（4）软件计算结果如图 4-136 所示。

序号	定额编号	项目名称	计算式	单位	工程量
			7.装饰		
1	7-3-1	内墙面		m²	47.45
		1层		m²	47.45
		NQM1		m²	47.45
		1/A-B	3.76[长度]×3[高度]	m²	11.28
		2/A-B	3.76[长度]×3[高度]+0.07×6.6[门.窗侧壁]-2.7[窗]	m²	9.04
		A/1-2	5.26[长度]×3[高度]+0.07×5.1[门.窗侧壁]-1.89[门]	m²	14.25
		B/1-2	5.26[长度]×3[高度]+0.07×7.4[门.窗侧壁]-3.42[窗]	m²	12.88

图 4-136　软件计算结果(定额)

3. 软件操作注意事项

（1）要注意设置墙的厚度为 240mm。

（2）两个窗的型号是不同的，记得不要选错了。

三、手工算量与软件算量对比与分析

（一）手工与软件计算差值对比

手工与软件计算差值对比见表 4-10。

表 4-10　手工与软件计算差值对比

工程名称	类别\\清单/定额	手工数值	广联达招标	广联达投标	广联达定额	鲁班清单	鲁班定额
墙纸裱糊	清单	46.11	46.11	46.11		47.45	
	定额	46.11			46.11		47.45
	差值	0	0	0	1.34	1.34	

（二）手工与软件计算差值分析

门窗侧壁问题：手工算量和广联达软件算量在本例题中都未计算门窗侧壁问题，而鲁班软件算量则计算了门窗侧壁，其中窗 C-1 的侧壁为 $0.07×(1.8×2+1.9×2)×2$，C-2 的侧壁为 $0.07×(1.5×2+1.8×2)×2$，门 M-1 的侧壁为 $0.07×(2.1×2+0.9)$，其中 0.07 为门窗侧壁的宽度。

第五章　其他装饰工程

第一节　柜类、货架

【例1】　图5-1所示为货架正立面图。货架工程量以正立面的高(包括货架脚的高度在内)乘以宽以平方米计算,计算其工程量。

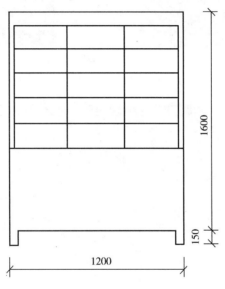

图5-1　货架示意图

【解】　一、手工算量

货架工程量:$S = (1.6 + 0.15) \times 1.2\text{m}^2 = 2.10\text{m}^2$

【注释】　货架工程量以正立面的高(包括货架脚的高度在内)乘以宽以平方米计算,1.6为货架的高,0.15为货架脚的高,1.2为货架的宽。

【解析】　在计算货架、柜橱类的工程量时均以正立面的高乘以宽以平方米计算。在计算高时一定要包括其脚的高度在内,不能忽略而只计算货架、柜橱等的正立面面积。

清单工程量计算见表5-1。

表5-1　清单工程量计算

项目编码	项目名称	项目特征描述	计量单位	工程量
011501018001	货架	货架	个	1

二、软件算量

(一)广联达软件算量

1.清单模式下的招标

(1)定义货架属性如图 5-2 所示。

	属性名称	属性值
1	名称	HJ
2	长度(mm)	1200
3	宽度(mm)	1750
4	截面面积(m²)	2.1
5	备注	

图 5-2　定义货架属性(招标)

(2)软件画图如图 5-3 所示。

图 5-3　软件画图(招标)

(3)软件计算结果如图 5-4 所示。

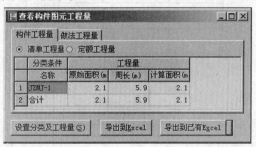

图 5-4　软件计算结果(招标)

2.清单模式下的投标

(1)定义货架属性如图 5-5 所示。

	属性名称	属性值
1	名称	HJ
2	长度(mm)	1200
3	宽度(mm)	1750
4	截面面积(m²)	2.1
5	备注	

图 5-5　定义货架属性(投标)

(2)软件画图如图 5-6 所示。

图 5-6　软件画图(投标)

（3）软件计算结果如图5-7所示。

图5-7　软件计算结果（投标）

3. 定额模式

（1）定义货架属性如图5-8所示。

图5-8　定义货架属性（定额）

（2）软件画图如图5-9所示。

图5-9　软件画图（定额）

（3）软件计算结果如图5-10所示。

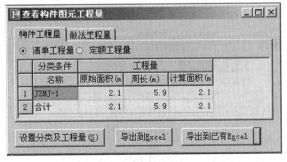

图5-10　软件计算结果（定额）

4. 软件操作注意事项

（1）在楼层管理中楼层的层高可以以软件的默认值为准,因楼层的层高对构件不会造成影响。

(2)绘制轴网时注意轴网的进深与开间,因轴网的进深与开间将决定货架的长度与高度。

(3)货架其实就是用板组合而成的,所以可以用板来定义货架。

(4)货架所求的工程量其实就是板外围的面积,所以可以用建筑面积来求出板外围的面积,这样就可以得出货架的定额工程量。

(二)鲁班软件算量

1.清单模式

(1)定义货架属性如图 5-11 所示。

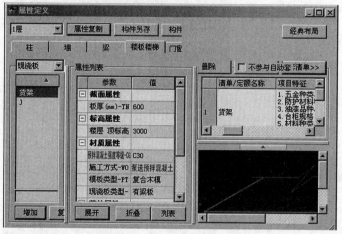

图 5-11 定义货架属性(清单)

(2)软件画图如图 5-12 所示。

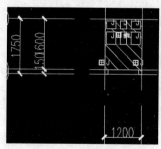 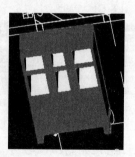

图 5-12 软件画图(清单)

(3)套清单如图 5-13 所示。

图 5-13 套清单(清单)

（4）软件计算结果如图 5-14 所示。

		B.6 其他工程		
1	020601018	货架 1. 五金种类、规格： 2. 防护材料种类： 3. 油漆品种、刷漆遍数： 4. 台柜规格： 5. 材料种类、规格：	个	1

图 5-14　软件计算结果（清单）

2.定额模式

（1）定义货架属性如图 5-15 所示。

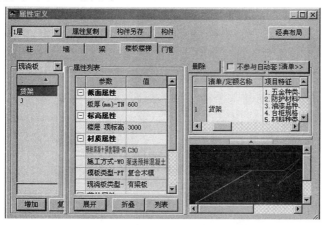

图 5-15　定义货架属性（定额）

（2）软件画图如图 5-16 所示。

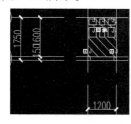
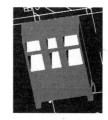

图 5-16　软件画图（定额）

（3）套定额如图 5-17 所示。

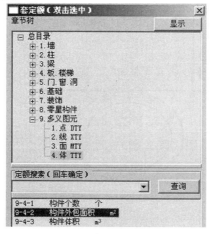

图 5-17　套定额（定额）

（4）软件计算结果如图 5-18 所示。

序号	定额编号	项目名称	单位	工程量
		9.多义图元		
1	9-4-2	构件外包面积	m²	2.10

图 5-18　软件计算结果（定额）

3.软件操作注意事项

（1）在楼层管理中楼层的层高可以以软件的默认值为准，因楼层的层高对构件不会造成影响。

（2）绘制轴网时注意轴网的进深与开间，因轴网的进深与开间将决定货架的长度与高度。

（3）货架其实就是用板组合而成的，所以可以用板来定义货架。

（4）货架所求的工程量其实就是板外围的面积，所以可以用建筑面积来求出板外围的面积，这样就可以得出货架的定额工程量。

三、手工算量与软件算量对比与分析

（一）手工与软件计算差值对比

手工与软件计算差值对比见表 5-2。

表 5-2　手工与软件计算差值对比

工程名称	类别　　清单/定额	手工数值	广联达招标	广联达投标	广联达定额	鲁班清单	鲁班定额
货架	清单	1 个	2.1	2.1		1 个	
	定额	2.10			2.1		2.10
	差值	无法对比	无法对比	无法对比	0	0	0

（二）手工与软件计算差值分析

（1）货架是由板组成，广联达软件在清单招标、投标模式下板的工程量是以"m²"为单位，而手工算量在清单模式下是以"个"为单位，所以二者无法进行对比。

（2）货架在广联达软件定额模式下所得结果与手工算量所得结果无差值。

（3）货架在鲁班软件清单、定额模式下所得结果与手工算量所得结果无差值。

第二节　浴厕配件

【例 2】　如 5-19 所示，计算洗漱台工程量，图示孔洞半径为 30mm。

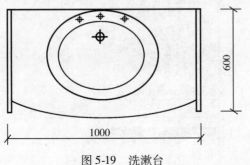

图 5-19　洗漱台

【解】 一、手工算量

洗漱台工程量:

正确的计算为 $S = (0.6 \times 1.0)\,\mathrm{m}^2 = 0.60\mathrm{m}^2$。

【注释】 洗漱台工程量只需按设计图示尺寸以台面外接矩形面积计算,0.6 为台面外接矩形的宽,1.0 为台面外接矩形的长。

错误的计算为 $S = (0.6 \times 1.0 - 3.1416 \times 0.03^2)\,\mathrm{m}^2 = 0.60\mathrm{m}^2$。

【解析】 洗漱台的工程量只需按设计图示尺寸以台面外接矩形面积计算,不用扣除孔洞、挖弯、削角所占的面积。

因此,在计算洗漱台的工程量时,不管孔洞的直径多少,孔洞个数多少,都无需扣除。

清单工程量计算见表 5-3。

表 5-3 清单工程量计算

项目编码	项目名称	项目特征描述	计量单位	工程量
011505001001	洗漱台	洗漱台	m^2	0.60

二、软件算量

(一)广联达软件算量

1. 清单模式下的招标

(1)定义洗漱台属性如图 5-20 所示。

图 5-20 定义洗漱台属性(招标)

(2)软件画图如图 5-21 所示。

图 5-21 软件画图(招标)

(3)软件计算结果如图 5-22 所示。

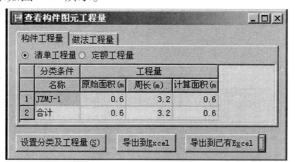

图 5-22 软件计算结果(招标)

2. 清单模式下的投标

（1）定义洗漱台属性如图 5-23 所示。

图 5-23　定义洗漱台属性（投标）

（2）软件画图如图 5-24 所示。

图 5-24　软件画图（投标）

（3）软件计算结果如图 5-25 所示。

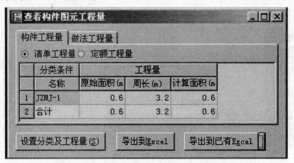

图 5-25　软件计算结果（投标）

3. 定额模式

（1）定义洗漱台属性如图 5-26 所示。

图 5-26　定义洗漱台属性（定额）

（2）软件画图如图 5-27 所示。

图 5-27　软件画图（定额）

（3）软件计算结果如图 5-28 所示。

图 5-28 软件计算结果（定额）

4. 软件操作注意事项

（1）在楼层管理中楼层的层高对洗漱台不会造成影响，所以层高可以以软件的默认值为准。

（2）绘制轴网时注意轴网的进深与开间，因轴网的进深与开间将决定洗漱台的长度与宽度，从而决定洗漱台的面积。如果洗漱台的长度与宽度定义错误则决定洗漱台的工程量所得结果与手工算量所得结果一定有误差。

（3）洗漱台就是一个独立的体，所求工程量就是这个体的面积。

（二）鲁班软件算量

1. 清单模式

（1）定义洗漱台属性如图 5-29 所示。

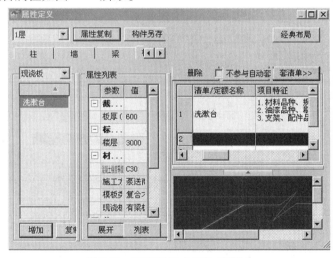

图 5-29 定义洗漱台属性（清单）

（2）软件画图如图 5-30 所示。

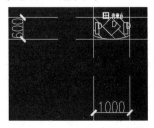

图 5-30 软件画图（清单）

（3）套清单如图 5-31 所示。

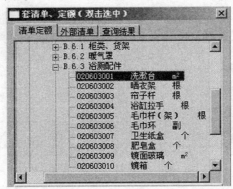

图 5-31　套清单（清单）

（4）软件计算结果如图 5-32 所示。

序号	项目编码	项目名称	计量单位	工程量
		B.6 其他工程		
1	020603001	洗漱台 1. 材料品种、规格、品牌、颜色； 2. 油漆品种、刷漆遍数； 3. 支架、配件品种、规格、品牌；	m²	0.60

图 5-32　软件计算结果（清单）

2. 定额模式

（1）定义洗漱台属性如图 5-33 所示。

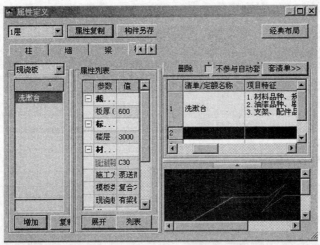

图 5-33　定义洗漱台属性（定额）

（2）软件画图如图 5-34 所示。

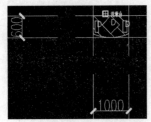

图 5-34　软件画图（定额）

（3）套定额如图 5-35 所示。

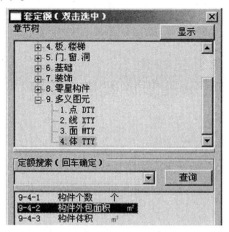

图 5-35　套定额（定额）

（4）软件计算结果如图 5-36 所示。

序号	定额编号	项目名称	单位	工程量
		9.多义图元		
1	9-4-2	构件外包面积	m²	0.60

图 5-36　软件计算结果（定额）

3.软件操作注意事项

（1）在楼层管理中楼层的层高对洗漱台不会造成影响，所以层高可以以软件的默认值为准。

（2）绘制轴网时注意轴网的进深与开间，因轴网的进深与开间将决定洗漱台的长度与宽度，从而决定洗漱台的面积。如果洗漱台的长度与宽度定义错误则决定洗漱台的工程量所得结果与手工算量所得结果一定有误差。

（3）洗漱台就是一个独立的体，所求工程量就是这个体的面积。

（4）套定额时，由于该软件中没有什么洗漱台之类的浴厕配件，又因为该洗漱台就是一个独立的体，所以可以选择多义图元体中的构件外包面积。

三、手工算量与软件算量对比与分析

（一）手工与软件计算差值对比

手工与软件计算差值对比见表 5-4。

表 5-4　手工与软件计算差值对比

工程名称	类别 清单/定额	手工 数值	广联达 招标	广联达 投标	广联达 定额	鲁班 清单	鲁班 定额
洗漱台	清单	0.6	0.6	0.6	0.6	0.60	
	定额	0.6					0.60
	差值	0	0	0	0	0	0

（二）手工与软件计算差值分析

（1）洗漱台在广联达软件清单招标、投标模式下所得结果与手工算量所得结果无差值。

(2)洗漱台在鲁班软件清单、定额模式下所得结果与手工算量所得结果无差值。

以上原因为软件计算方法与手工算量的计算方法相同,所求的都是一块面积,所以所得结果无误差。

第三节　招牌、灯箱

【例3】　如图5-37 所示,灯箱高 500mm 计算灯箱面积工程量。

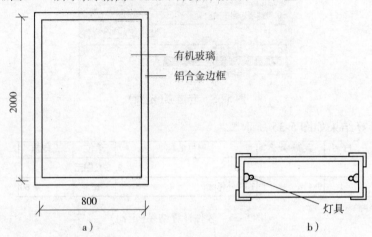

有机玻璃
铝合金边框
灯具

2000
800
a)　b)

图 5-37　灯箱示意图
a)平面图　b)灯箱截面图

【解】

一、手工算量

灯箱面层的工程量:

正确的计算为 $S = (2.0 + 0.8)\text{m} \times 2 \times 0.5\text{m} = 2.80\text{m}^2$。

【注释】　灯箱面层的工程量按图示尺寸以展开面积以平方米计算,即用展开长度(2.0 + 0.8) ×2 乘以高度 0.5 计算。

错误的计算为 $S = 0.8 \times 2.0\text{m}^2 = 1.60\text{m}^2$。

【解析】　灯箱面层的工程量按图示尺寸以展开面积以平方米计算。

即用展开长度乘以高度计算,而不能简单的用灯箱面层的平面投影面积计算。

清单工程量计算见表5-5。

表 5-5　清单工程量计算

项目编码	项目名称	项目特征描述	计量单位	工程量
011507003001	灯箱	灯箱面层	m²	2.80

二、软件算量

(一)广联达软件算量

1.清单模式下的招标

(1)定义房间属性如图 5-38 所示。

图5-38　定义房间属性（招标）

（2）软件画图如图5-39所示。

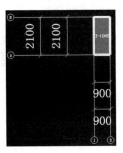

图5 39　软件画图（招标）

（3）软件计算结果如图5-40所示。

一、房间		
序号	构件名称/构件位置	工程量计算式
1	FJ-1	墙裙抹灰面积 = 2.8 m²
1.1	FJ-1[40]/〈1+450,B-1050〉	墙裙抹灰面积 = 5.6〈内墙皮长度〉*0.5〈高度〉 = 2.8 m²

图5-40　软件计算结果（招标）

2. 清单模式下的投标

（1）定义房间属性如图5-41所示。

图5-41　定义房间属性（投标）

（2）软件画图如图5-42所示。

图5-42　软件画图（投标）

（3）软件计算结果如图 5-43 所示。

一、房间		
序号	构件名称/构件位置	工程量计算式
1	FJ-1	墙裙抹灰面积 = 2.8 m²
1.1	FJ-1[40]/⟨1+450, B-1050⟩	墙裙抹灰面积 = 5.6⟨内墙皮长度⟩*0.5⟨高度⟩ = 2.8 m²

图 5-43　软件计算结果（投标）

3. 定额模式

（1）定义房间属性如图 5-44 所示。

图 5-44　定义房间属性（定额）

（2）软件画图如图 5-45 所示。

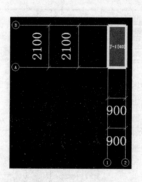

图 5-45　软件画图（定额）

（3）软件计算结果如图 5-46 所示。

一、房间		
序号	构件名称/构件位置	工程量计算式
1	FJ-1	墙裙抹灰面积 = 2.8 m²
1.1	FJ-1[40]/⟨1+450, B-1050⟩	墙裙抹灰面积 = 5.6⟨内墙皮长度⟩*0.5⟨高度⟩ = 2.8 m²

图 5-46　软件计算结果（定额）

4. 软件操作注意事项

（1）定义房间的属性，设置房间墙裙的高度。

（2）建立轴网绘图，再汇总计算，对想要的工程量进行提取即可。

（二）鲁班软件算量

1. 清单模式

（1）定义墙属性如图 5-47 所示。

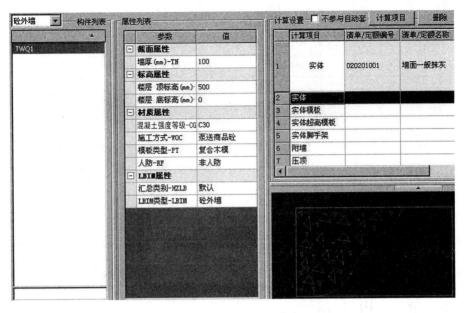

图 5-47 定义墙属性(清单)

(2)软件画图如图 5-48 所示。

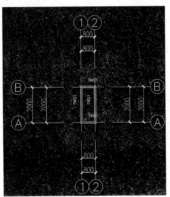

图 5-48 软件画图(清单)

(3)套清单如图 5-49 所示。

图 5-49 套清单(清单)

(4)软件计算结果如图 5-50 所示。

序号	项目编码	项目名称	计量单位	工程量	金额(元) 单价	金额(元) 合价	备注
		B.2 墙、柱面工程					
1	020201001	墙面一般抹灰 1.墙体类型: 2.底层厚度、砂浆配合比: 3.面层厚度、砂浆配合比: 4.装饰面材料种类: 5.分格缝宽度、材料种类:	m²	2.80			

图 5-50　软件计算结果(清单)

2.定额模式

(1)定义墙属性如图 5-51 所示。

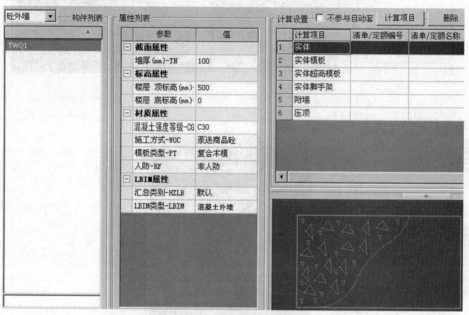

图 5-51　定义墙属性(定额)

(2)软件画图如图 5-52 所示。

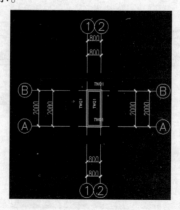

图 5-52　软件画图(定额)

(3)套定额如图 5-53 所示。

图 5-53　套定额(定额)

(4)软件计算结果如图 5-54 所示。

序号	定额编号	项目名称	单位	工程量	单价	合价	备注
			7. 装饰				
1	7-3-1	内墙面[C30]	m²	2.80			

汇总表 | 计算书 | 面积表 | 门窗表 | 房间表 | 构件表 | 量指标 | 实物量(云报表)

图 5-54　软件计算结果(定额)

3. 软件操作注意事项

本题计算的是灯箱面层的面积:

(1)第一步建立轴网,选择合适灯箱宽度和高度的轴间距,轴间距大于灯箱的宽度。

(2)在套清单时,可以选择自动套清单,套定额时,要手动套定额,汇总计算即可。

三、手工算量与软件算量对比与分析

(一)手工与软件计算差值对比

手工与软件计算差值对比见表5-6。

表 5-6　手工与软件计算差值对比

工程名称	类别 清单/定额	手工 数值	广联达 招标	广联达 投标	广联达 定额	鲁班 清单	鲁班 定额
灯箱面层	清单	2.8	2.8	2.8		2.8	
	定额				2.8		2.8
	差值		0	0	0		0

(二)手工与软件计算差值分析

(1)手工计算灯箱面层的工程量的计算公式为,灯箱的展开长度乘以高度,广联达软件计算公式与手工计算一致,先绘图,装修房间,把灯箱的高度设置为墙裙的高度,计算出墙裙抹灰面积的工程量就是灯箱面层的工程量,软件计算与手工计算结果无差值。

(2)鲁班软件计算的是墙面抹灰工程量,计算公式与手工计算灯箱一致,均为长度乘以高度,只要在绘图时把墙的高度设为灯箱的高度即可。

(3)软件算量和手工算量计算方法一致,均用总长度乘以高度,因此无差值。

第四节　美术字

【例4】　某房地产广告,商家要求设置大的美术字,以突出宣传效果,美术字为金属字,字体如图 5-55 所示,计算美术字工程量。

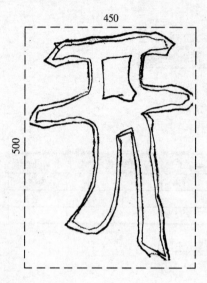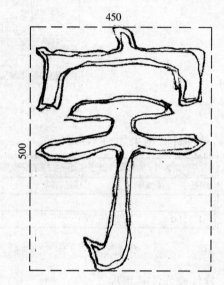

图 5-55　金属字

【解】　一、手工算量

(一)定额工程量

美术字安装按字的最大外围矩形面积以个计算。

"开"字的面积 $= (0.45 \times 0.5)\,\mathrm{m}^2 = 0.23\,\mathrm{m}^2$

"字"字的面积 $= (0.45 \times 0.5)\,\mathrm{m}^2 = 0.23\,\mathrm{m}^2$

美术字安装工程量为 2 个。

套用消耗量定额 15 – 176。

(二)清单工程量

金属字按设计图示数量计算。

该题中,金属字为"开字",数量为 2 个,所以工程量为 2 个。

清单工程量计算见表5-7。

表 5-7　清单工程量计算

项目编码	项目名称	项目特征描述	计量单位	工程量
011508004001	金属字	大的美术字	个	2

二、软件算量

(一)广联达软件算量

1.清单模式下的招标

(1)定义金属字属性如图5-56所示。

图 5-56 定义金属字属性(招标)

(2)软件画图如图 5-57 所示。

图 5-57 软件画图(招标)

(3)软件计算结果如图 5-58 所示。

一、自定义点		
序号	构件名称/构件位置	工程量计算式
1	ZDYD-1	数量 = 2 个
1.1	ZDYD-1[5]/〈1, B〉	数量 = 1个
1.2	ZDYD-1[6]/〈2, A〉	数量 = 1个

图 5-58 软件计算结果(招标)

2. 清单模式下的投标

(1)定义金属字属性如图 5-59 所示。

图 5-59 定义金属字属性(投标)

(2)软件画图如图 5-60 所示。

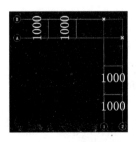

图 5-60 软件画图(投标)

(3)软件计算结果如图 5-61 所示。

一、自定义点		
序号	构件名称/构件位置	工程量计算式
1	金属字	数量 = 2 个
1.1	金属字[5]/〈1, B〉	数量 = 1个
1.2	金属字[6]/〈2, A〉	数量 = 1个

图 5-61 软件计算结果(投标)

3. 定额模式

(1)定义金属字属性如图 5-62 所示。

图 5-62　定义金属字属性(定额)

(2)软件画图如图 5-63 所示。

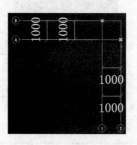

5-63　软件画图(定额)

(3)软件计算结果如图 5-64 所示。

一、自定义点		
序号	构件名称/构件位置	工程量计算式
1	金属字	数量 = 2 个
1.1	金属字[5]/〈1, B〉	数量 = 1 个
1.2	金属字[6]/〈2, A〉	数量 = 1 个

图 5-64　软件计算结果(定额)

4. 软件操作注意事项

本题计算的是金属美术字的工程量。

(1)第一步建立轴网,先定义一个美术字的属性。

(2)选择自定义点进行绘图,计算点的数量就是金属美术字的工程量。

(二)鲁班软件算量

1. 清单模式

(1)定义金属字属性如图 5-65 所示。

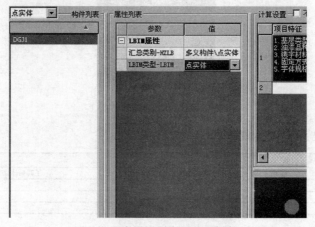

图 5-65　定义金属字属性(清单)

（2）软件画图如图5-66所示。

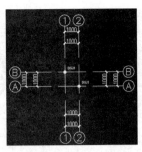

图5-66　软件画图（清单）

（3）套清单如图5-67所示。

图5-67　套清单（清单）

（4）软件计算结果如图5-68所示。

| 汇总表 | 计算书 | 面积表 | 门窗表 | 房间表 | 构件表 | 量指标 | 实物量（云报表） | | |

序号	项目编码	项目名称	计量单位	工程量	金额（元）		备注
					单价	合价	
		B.6 其他工程					
1	020607004	金属字 1. 基层类型： 2. 油漆品种、刷漆遍数： 3. 镂字材料品种、颜色： 4. 固定方式： 5. 字体规格：	个	2			

图5-68　软件计算结果（清单）

2. 定额模式

（1）定义金属字属性如图5-69所示。

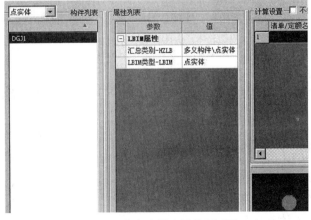

图5-69　定义金属字属性（定额）

(2)软件画图如图 5-70 所示。

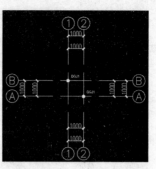

图 5-70　软件画图(定额)

(3)套定额如图 5-71 所示。

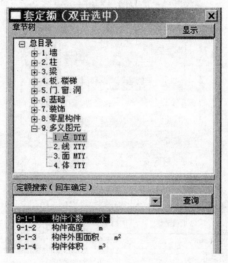

图 5-71　套定额(定额)

(4)软件计算结果如图 5-72 所示。

序号	定额编号	项目名称	单位	工程量	单价	合价	备注
				9.多义图元			
1	9-1-1	构件个数	个	2			

汇总表　计算书　面积表　门窗表　房间表　构件表　量指标　实物量(云报表)

图 5-72　软件计算结果(定额)

3.软件操作注意事项

本题计算的是金属美术字的工程量,计算公式为:美术字每个字的面积。

(1)第一步建立轴网,先定义一个美术字面积的属性。

(2)选择自定义面进行绘图,再套清单工程量和定额工程量进行汇总计算,计算面的面积就是一个金属美术字的工程量。

三、手工算量与软件算量对比与分析

(一)手工与软件计算差值对比

手工与软件计算差值对比见表 5-8。

表5-8　手工与软件计算差值对比

工程名称	类别 清单/定额	手工 数值	广联达 招标	广联达 投标	广联达 定额	鲁班 清单	鲁班 定额
金属字	清单	2	2	2		2	
	定额	2			2		2
	差值	0	0	0	0	0	0

（二）手工与软件计算差值分析

（1）广联达软件和鲁班软件在计算安装金属美术字的工程量时，先定义一个金属美术字的属性，选择自定义点来进行绘图，再分别套入金属美术字的清单工程量和定额工程量，计算点的数量就是安装金属美术字的工程量，以个计算，一共有2个，即金属美术字的工程量为2。

（2）软件计算和手工算量计算方法一致，因此无差值。